暨南大学本科教材资助项目

数据科学导论

山 峻◎编著

暨南大学出版社
JINAN UNIVERSITY PRESS

中国·广州

图书在版编目（CIP）数据

数据科学导论 / 山峻编著. -- 广州：暨南大学出版社，2025.7. -- ISBN 978-7-5668-4157-5

Ⅰ．TP274

中国国家版本馆 CIP 数据核字第 20255F47H0 号

数据科学导论

SHUJU KEXUE DAOLUN

编著者：山　峻

出 版 人：阳　翼

策划编辑：曾鑫华

责任编辑：彭琳惠

责任校对：刘舜怡　王雪琳

责任印制：周一丹　郑玉婷

出版发行：暨南大学出版社（511434）

电　　话：总编室（8620）31105261

　　　　　营销部（8620）37331682　37331689

传　　真：（8620）31105289（办公室）　37331684（营销部）

网　　址：http：//www．jnupress．com

排　　版：广州尚文数码科技有限公司

印　　刷：广州市友盛彩印有限公司

开　　本：787mm×1092mm　1/16

印　　张：13

字　　数：298 千

版　　次：2025 年 7 月第 1 版

印　　次：2025 年 7 月第 1 次

定　　价：58.00 元

前　言

在这个数字化时代，数据已然成为推动经济发展和社会进步的核心驱动力。随着信息技术的飞速发展，商业活动中产生的数据呈现出爆炸性增长，企业和组织迫切需要具备数据分析和应用能力的人才。数据科学作为一门新兴的交叉学科，正是应对这一挑战的关键所在。正因为这样，近些年国内外的商学院或管理学院（包括笔者所在单位）纷纷开设了数据科学或者与数据科学密切相关的课程，甚至设置了本、硕专业。

本书旨在为商学院、管理学院的本科生以及所有对数据科学感兴趣的读者提供一个系统而清晰的入门指南。作为一本导论性教材，本书力求在深入浅出中达到理论与实践的平衡，帮助读者构建数据科学的知识框架，掌握基本的数据分析方法和工具。

全书共分为十二章，结构上力求遵循由浅入深、循序渐进的原则。开篇介绍数据科学的基本概念、发展历程及其与相关学科的关系，帮助读者建立对这一领域的整体认识。随后详细阐述了数据科学在商业分析中的应用场景，使读者了解数据分析如何服务于实际商业决策。在技术层面，本书系统性地介绍了数据处理、探索性数据分析、各类建模方法（包括回归分析、分类模型、聚类分析等）以及模型评价等重要内容。特别值得一提的是，针对当前的热点领域，本书还专门设置了文本分析的相关章节。本书可以作为经管学科专业数据科学或者商业分析领域本科教学的入门课程教材，建议安排一个学期（36学时）的课堂教学，并配合一定量的上机练习；也可以作为MBA教学或其他教学项目数据科学相关课程的参考教材使用。

本书的特色在于：首先，注重实用性，每个技术章节都配备了翔实的案例分析和Python代码示例，便于读者进行实践学习；其次，强调商业思维，通过大量的商业案例，帮助读者理解数据分析如何解决实际问题；再次，关注前沿发展，在传统分析方法之外，也介绍了大数据、机器学习等新兴技术的基本概念。本书的网上资源包括示例数据文件（Excel文件或者CSV文件）和示例代码及运行结果（主要以Jupyter Notebook文件呈现），读者可在笔者的GitHub主页获得（https://github.com/junshanhk/IntroDSTextbook）。

　　考虑到主要读者群体的背景，本书在编写过程中刻意避免过于深奥的数学推导，而是着重于概念的解释和方法的应用。其目标是使没有深厚数学和编程基础的读者也能够掌握数据分析的基本思路和方法，为未来在各自领域运用数据科学知识打下坚实基础。本书主要采用 Python 作为数据处理和分析工具，这是因为 Python 编程当前已经是大多数高校的基础编程语言，也是将来工作场景中最常使用的工具。笔者假设使用本教材的读者已经学习过基础 Python 编程，因此出于篇幅的考虑，本书不再另设章节介绍 Python 的基础知识。需要指出的是，无论笔者如何试图降低数据科学的入门技术门槛，都不能否认它是一门基于数学、统计学和计算机科学的综合性学科。如果读者想在这个领域有所精进，特别是希望开展研究工作，深入的数学知识和编程技术是必不可少的。

　　数据科学是一个快速发展的领域，新的理论、方法和工具不断涌现。本书无法穷尽所有内容，但笔者希望通过本教材，为读者打开数据科学的大门，培养他们的数据思维，并激发他们在这个领域继续探索和学习的兴趣。相信随着数据科学的不断发展，读者们将能够在各自的工作岗位上充分发挥数据的价值，为组织创造更大的效益。

　　在本书编写过程中，笔者的学生马若龄女士帮忙整理了第 6 章至第 9 章的案例和代码。本书的编写也得到了数据科学导论课程组的同事刘潇、曹彬、陈磊、王魁几位教授的支持和帮助。笔者在此向他们表示诚挚的感谢。最后，笔者特别感谢暨南大学教学质量与教学改革工程项目对本教材编著工作的资助。

山　峻

2025 年 4 月

目　录

1 概　论

在过去的 15 年间，企业在业务基础架构方面投入了巨额资金，这些投资极大地提升了企业全域的数据收集能力。当下，绝大部分业务部门积极投身于数据收集工作，涵盖运营、制造、供应链管理、客户行为、营销活动绩效、工作流程等诸多领域，甚至在日常运作中频繁运用数据收集手段。与此同时，外部事件相关信息广泛传播，例如市场趋势、行业新闻以及竞争对手动态等信息触手可及。数据的广泛普及引发了人们对从数据中萃取有用信息与知识的方法（即数据科学领域）的浓厚兴趣。

鉴于当前海量数据的可用性，绝大部分行业的企业倾向于利用数据获取竞争优势。往昔，企业尚可聘请统计学家、建模师与分析师团队手动探索数据集，但如今数据的数量与种类已远远超出手动分析的能力范畴。与此同时，计算机性能持续提升，网络无处不在，能够连接数据集的算法也应运而生，从而实现了比以往更广泛、更深入的分析。这些现象的融合推动了数据科学原理与数据挖掘技术在商业领域的广泛应用。数据科学技术在营销领域针对目标营销、在线广告和交叉销售建议等任务的应用较为广泛。在一般客户关系管理中，数据科学被用于剖析客户行为，以管理客户流失，并实现客户预期价值最大化。金融行业运用数据挖掘（数据科学的一项关键技术）进行信用评分与交易分析，以及通过欺诈检测和劳动力管理开展运营工作。从沃尔玛到亚马逊，从营销管理到供应链管理，各大零售商在整个业务流程中应用数据科学技术。诸多企业凭借数据科学实现战略差异化，部分企业甚至发展成为专门的数据挖掘公司。本书的核心目标在于助力读者从商业业务视角理解数据科学，使其掌握从数据中萃取有用知识的原理与方法。我们将全方位呈现构成数据科学的知识与技能体系，使读者对如何在商业分析中应用数据科学形成整体认知，领悟数据分析的基本原理，进而构建数据分析思维的基础框架。在数据科学领域，某些特定范畴还需发挥直觉、创造力、常识和领域知识。数据视角将为我们提供架构与原则，从而构建一个系统分析商业业务问题的框架。随着数据分析思维的逐步建立，读者将培养出数据直觉，明晰在何处以及如何运用创造力和领域知识。在本书的前两章，我们将深入探讨与数据科学和商业分析相关的各类主题与技术。

全书将阐述一些基本的数据科学原理，并通过若干体现该原理的数据挖掘和机器学习的技术加以说明。对于每个原理，通常存在多种特定技术予以体现，故在本书中，我们着重强调基本原则，而非特定技术。也就是说，除非对理解实际概念产生重大影响，否则我们不会对数据科学、商业分析、数据挖掘等概念之间的区别进行过多阐述。尽管如此，我们仍然在第六章至第十二章不同程度地介绍了一些实现这些数据科学原则的具体技术。我们的目的是让读者能够了解这些技术的基本原理，在实际操作中掌握第一手经验，从而保持兴趣并在必要时对相关知识和技术进行深入学习。

1.1 什么是数据科学

"数据科学"（Data Science），顾名思义，是一门专注于数据的科学，确切来说，是运用科学方法处理数据的学科。它涵盖了一系列原理、问题定义、算法以及数据处理流程，旨在从大规模数据中集中抽取那些虽不显眼但极具价值的模式（Pattern）。数据科学包含诸多内容，例如数据获取技术、数据管理技术、数据分析技术，以及基于数据的预测和决策技术。实际上，数据科学的概念是由数据挖掘（Data Mining）、商务智能（Business Intelligence）、机器学习（Machine Learning）等相关学科的元素融合演进而来的。因此，在许多场景中，数据科学、机器学习、数据挖掘这些概念常常被人们交替使用。尽管如此，数据科学发展至今，已演变为一个更为宽泛、全面的概念。总体而言，机器学习更侧重于算法的设计与演进；数据挖掘聚焦于处理和分析结构化数据（关于结构化数据的定义，后续章节将详细讲解），且在商业领域应用更为广泛；而数据科学不仅囊括了机器学习和数据挖掘的全部范畴，还涵盖了社交媒体和网络数据的获取与转换、大数据技术等内容。

案例：预测客户流失

假设你刚入职中国知名通信运营商中国移动旗下的子公司，担任分析师一职，并在工作中展现出了卓越的能力。该公司在移动通信业务领域面临着一个亟待解决的关键问题，也就是客户留存率方面的挑战。在华南地区，约25%的手机客户在套餐合约期满后选择转网或停止使用服务，且获取新客户的难度与日俱增，原因在于移动通信市场已经基本达到饱和状态，市场高速扩张的阶段早已过去，增长步伐逐渐变缓。各大通信运营商纷纷陷入了一场激烈的客户抢夺大战——不但要努力吸引竞争对手的客户资源，还要竭尽全力留住自身现有的客户群体。客户从一家公司转投另一家公司的现象，我们称为客户流失（Churn）。这一过程会给公司带来高额成本：公司为吸引新客户不得不投入大量资金用于各类优惠和促销活动，而老客户流失则直接导致公司营业收入的减少。

你的工作职责便是协助深入剖析问题并精心设计解决方案。鉴于吸引新客户所需的成本远远高于留住现有客户的成本，公司会分配相当可观的营销预算用于防止客户流失。营销部门精心策划了一个特别的客户留存优惠方案。此刻，你的任务是制订一个详细且精确的分步行动计划，清晰阐述数据科学团队应如何运用公司丰富的数据资源，精准确定在套餐合约到期之前，应向哪些客户提供此项特殊的留存协议。

请仔细思考你可能会用到哪些数据，以及怎样合理运用这些数据。具体而言，公司应如何挑选出一组特定的客户来接收此项优惠方案，从而在既定的激励预算范围内，最大限度地降低客户流失率？这个问题的答案远比看起来复杂。但是随着我们的学习，你会发现数据科学里的知识可以帮助你完成上述任务。

数据科学拥有众多应用场景。在商业领域，最常见的应用当属销售与营销。例如，网络内容提供商根据用户频繁浏览或搜索的主题，为用户推送感兴趣的内容或可能感兴趣的商品广告。这是因为网络公司在后台收集了海量用户行为数据，并运用相关算法对每个用户进行分类，从而识别出用户的喜好与需求。在企业生产运营方面，数据始终发挥着至关重要的作用。比如，大型零售商（如沃尔玛）需要实时监控各分店上万种商品的销售与库存情况，以实现供应链的高效管理，既要确保供应及时避免缺货，又要防止大量库存积压。墨西哥石油公司 PEMEX 在炼油厂设备上广泛部署传感器，通过对大量传感器数据的监控与异常值分析，预测设备故障的概率。传统上，公司在设备故障发生后才进行维修，这往往会导致大量计划外停机作业。而借助数据科学技术，可提前发现潜在故障，将计划外维修改为计划内维护，PEMEX 每年因此减少超过 1 000 小时的停机时间。

1.2 数据科学的"前世今生"

数据科学兼具新兴与传统的双重特性，其术语可追溯到 20 世纪 90 年代。在数据科学的发展历程中，数据收集与数据分析是两条关键脉络，它们相互交织，共同推动着数据科学的演进。下面，我们将分别回顾数据收集、数据分析的历史，以及数据科学这一学科领域的由来。

1.2.1 数据收集简史

远古时期，人类就开启了数据收集的征程。最初，人们通过在木棍上刻痕来记录时间流逝，或是利用立竿测影的方法确定冬至和夏至。随着书写技能的出现，数据收集实现了重大飞跃。公元前 3200 年左右，美索不达米亚出现了最早的书写形式，用于记录商业活动，产生了事务数据，像商品销售、货物交付等信息得以留存。而在遥远的古埃及，公元前 3000 年左右就开展了人口普查，这是非事务数据收集的早期实例。古代各国积极进行数据收集，主要是为了满足税收和军事方面的需求，这也从侧面反映了数据收集在国家治理中的重要性。

在过去的 150 年，科技的飞速发展深刻改变了数据收集的面貌。电子传感器的问世、数据的数字化以及计算机的发明，使得数据收集和存储量呈指数级增长。1970 年，埃德加·弗兰克·科德（Edgar F. Codd）发表论文，提出关系型数据模型，这一创举革新了数据库的存储、索引和检索方式。它允许用户使用简洁的查询语句获取数据，无需关注数据的底层结构和存储位置，为现代数据库和结构化查询语言（SQL）的发展奠定了坚实基础。关系数据库以二维表结构存储数据，每行代表一个数据实列，每列代表一个属性，这种结构非常适合存储结构化的事务或操作数据。

随着企业规模的不断扩大和自动化程度的提高，数据的数量和种类急剧增加，企业数据分散存储在多个独立数据库中，传统数据库难以满足复杂的数据分析需求。到了 20

世纪 90 年代，数据仓库应运而生，它整合了企业内的各类数据，为数据分析提供了更全面的数据集。

近年来，电子设备的移动化和网络化使数据收集发生了翻天覆地的变化。人们在社交网络、电脑游戏、媒体平台和搜索引擎上的活动产生了海量数据。据估算，从书写技能诞生到 2003 年约 5 000 年间，人类收集的数据量约为 5EB（Exabyte，艾字节），而自 2013 年起，每天生成和存储的数据量就相当于过去 5 000 年的总和①，并且数据类型愈发多样，"大数据"时代正式来临。大数据具有数据量（Volume）大、数据类型多样性（Variety）高和处理速度（Velocity）快的特点，它推动了新数据库技术和数据处理框架的发展。NoSQL 数据库以其更简单的数据模型和灵活的存储方式，能够处理非结构化数据，如自由文本和图像。而 Hadoop 的 MapReduce 框架则通过将数据和查询分布到多台服务器进行处理，大大提高了数据处理效率。

在中国，数据收集的历史同样源远流长。西周时期，政府就极为重视数据的收集与管理，设置了专门的官职负责统计人口、土地、物产等信息。据《周礼》记载，"司民，掌登万民之数，自生齿以上皆书于版"，这些人口数据为国家的赋税、徭役等政策制定提供了关键依据。到了西汉，司马迁撰写《史记》时，广泛收集和整理了大量历史资料和数据。他不仅参考了官方档案，还实地考察获取一手数据，对各朝代的政治、经济、军事等方面进行了系统分析和总结，为后世留下了宝贵的历史资料和分析成果。明清时期，政府为了有效管理国家经济，对田赋、税收等数据进行详细记录和深入分析。例如，明朝张居正推行的"一条鞭法"，就建立在对大量土地、人口、税收数据精确统计和分析的基础之上，通过改革税收制度，提高了财政收入，促进了经济发展。

1.2.2 数据分析简史

统计学是数据收集和分析的重要科学分支，其起源主要是为了收集和分析与国家相关的数据，如人口、经济数据等。随着时间的推移，统计学的应用范围不断拓展，如今统计学已被广泛应用于各个领域。简单的数据统计分析形式是计算数据集的摘要，例如通过计算算术平均值来衡量数据的集中趋势，通过计算极差来反映数据的离散程度。

17—18 世纪，吉罗拉莫·卡尔达诺、布莱士·帕斯卡、雅各布·伯努利、亚伯拉罕·棣莫弗、托马斯·贝叶斯和理查德·普莱斯等学者的研究成果为概率论奠定了坚实基础。到了 19 世纪，概率分布被广泛应用于数据分析，统计学家们开始从简单的描述性统计迈向统计学习。皮埃尔-西蒙·拉普拉斯受贝叶斯和普莱斯的启发，提出了贝叶斯公式；约翰卡尔·弗里德里希·高斯在寻找谷神星的过程中，发明了最小二乘法。最小二乘法通过最小化模型预测值与目标属性值误差的平方和，为线性回归、逻辑回归等统计学习方法以及人工神经网络模型的发展提供了重要支撑。

1780—1820 年，威廉·普莱费尔发明了统计制图法，创造了折线图、柱状图和饼状

---

① 数据来源：https://www.statista.com/statistics/871513/worldwide-data-created/。

图。这些图表成为数据可视化的重要工具，能直观地展示时间序列数据、不同类别数量的比较以及同一组数据的比例关系。数据可视化不仅有助于数据科学家探索和理解数据，还能更有效地传达数据科学项目的成果。如今，新的高维大数据集可视化方法不断涌现，如 t–分布随机邻域嵌入（t-SNE）算法，能够将高维数据降维至二维或三维，便于数据可视化展示。

20 世纪，概率论和统计学持续发展。卡尔·皮尔逊推动了现代假设检验的发展，罗纳德·费舍尔促进了多元分析统计方法的进步，并引入了极大似然估计法。阿兰·图灵在"二战"期间的工作推动了电子计算机的发明，为更复杂的统计计算提供了可能。20 世纪 40 年代后，许多重要的计算模型相继诞生，如 1943 年沃伦·麦卡洛克提出第一个神经网络数学模型，1948 年克劳德·香农创立信息论，1951 年伊夫林·菲克斯和约瑟夫·霍奇提出判别分析模型，这些成果都为现代数据科学的发展奠定了基础。1956 年，达特茅斯学院的研讨会标志着人工智能领域的诞生，"机器学习"一词也开始用于描述计算机自动从数据中学习的程序。20 世纪 60 年代中期，机器学习领域取得了重大突破，尼尔斯·尼尔森展示了神经网络在学习线性模型及分类中的应用；Earl B. Hunt 等人开发了概念学习系统框架，为决策树模型的发展奠定了基础；K 均值聚类算法也在这一时期被发明并应用于数据分组。

机器学习作为现代数据科学的核心，能够自动分析大型数据集，提取有价值的模式。随着技术的不断进步，集成模型和深度神经网络等新技术不断涌现。深度神经网络能够学习复杂的属性表示，在高维数据处理方面表现出色，推动了机器视觉、自然语言处理等领域的快速发展。

在中国古代，数据分析也有着诸多实践。战国时期，魏国的李悝进行经济改革时，就对粮食产量、价格波动等数据进行了分析，以此制定合理的经济政策。他通过收集不同年份、不同地区的粮食产量数据，分析产量变化趋势，同时关注市场上粮食价格的波动情况，综合这些数据提出了"平籴法"，通过政府调控稳定粮食价格，保障农民和消费者的利益。在现代，中国在数据分析领域也取得了显著成就。例如，在经济领域，国家统计局定期发布各类经济数据，如国内生产总值（GDP）、通货膨胀率、失业率等。经济学家们通过对这些数据的深入分析，预测经济走势，为政府制定宏观经济政策提供了有力支持。在疫情防控期间，数据分析也发挥了重要作用。科研人员和相关部门收集疫情传播数据，包括确诊病例数、传播路径、密切接触者信息等。通过数据分析建立传播模型，预测疫情发展趋势，为疫情防控决策提供科学依据，有效遏制了疫情的传播。

20 世纪 80 年代末 90 年代初，随着数据量的不断增长，数据库社区提出了数据挖掘的概念。1989 年，格雷戈里·皮亚捷茨基–沙皮里（Gregory Piatetsky-Shapiro）组织了第一次关于数据库知识发现（KDD）的研讨会，强调从大型数据库中发现知识需要多学科融合的方法。实际上，数据库知识发现和数据挖掘描述的是同一概念，只是在不同领域的称谓有所不同，如今二者在学术和商业领域都被广泛使用。

1.2.3 数据科学的产生与发展

20 世纪 90 年代末，数据科学这一概念逐渐进入人们的视野。1997 年，统计学家吴建福在公开演讲"Statistics = Data Science?"（"统计学等于数据科学吗?"）中，强调了大规模数据库中复杂数据集的可用性以及可计算算法和模型的广泛应用，呼吁将统计学更名为"数据科学"。

2001 年，威廉·S. 克利夫兰提出在大学创建数据科学方向院系的计划，强调数据科学作为数学和计算机科学桥梁的重要性，以及其交叉学科的属性。同年，利奥·布雷曼在 *Statistical Modeling：The Two Cultures*（《统计建模：两种文化》）一书中，对比了传统统计方法和机器学习算法在数据建模上的差异。传统统计方法侧重于解释数据的生成，而机器学习算法更注重创建准确的预测模型。这种差异引发了统计学界的持续讨论，而如今多数数据科学项目更倾向于机器学习的预测模型构建方法。

此后，数据科学的内涵不断丰富和拓展。随着在线活动的蓬勃发展，数据量呈现爆发式增长。数据科学家需要掌握编程技术和数据处理技能，从各类数据源中获取、清洗和整合数据，包括非结构化数据。大数据时代的到来，要求数据科学家熟练掌握 Hadoop 等大数据技术，以应对海量数据的处理挑战。

如今，数据科学家需要具备多领域的专业知识和技能，如图 1-1 所示。在领域知识方面，数据科学家要深入了解项目所在领域的专业知识，以便理解项目问题的本质，明确问题的重要性，并设计出符合组织流程的数据科学解决方案。同时，数据科学家必须严格遵守数据使用的法律法规和道德规范，确保数据使用合法合规，保护数据隐私。在数据处理与管理方面，数据科学家需要具备从多种数据源中集成、清洗、转换和规范化数据的能力，熟练掌握数据库操作技能，能够高效地管理和操作数据。

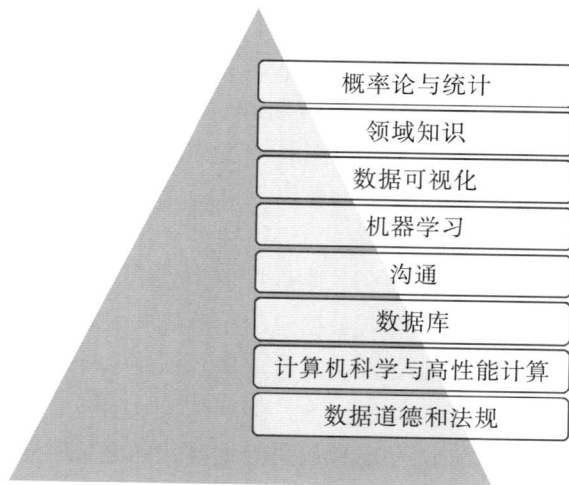

图 1-1 数据科学家的必备技能

在计算机科学技能方面，数据科学家要掌握高性能计算技术，利用集群计算能力提升数据处理性能；能够运用编程技术抓取、清洗和集成网络数据，处理非结构化文本和图像数据；还需要具备开发和优化机器学习模型的能力，并将模型有效整合到企业的生产、分析或后端应用中。此外，数据可视化技能也是数据科学家的必备技能之一。数据可视化贯穿数据科学生命周期，通过图表、图形等直观方式展示数据，能够帮助数据科学家更敏锐地发现数据中的异常值、趋势和微妙变化，同时便于向非技术人员传达数据分析结果，促进数据驱动的决策制定。常见的数据可视化工具（如 Tableau、Power BI 等），能够将复杂的数据转化为易懂的可视化界面，提升数据的可读性和可理解性。总之，数据科学家需要不断提升自身的综合能力，以应对不断变化的数据科学领域的挑战，为各行业的发展提供有力的数据支持。

1.3　数据科学和它的"亲戚们"

在上文中，我们回顾了数据科学的发展历程，也了解到这门学科与其他人们耳熟能详的学科有千丝万缕的关系。在本部分，我们将稍微详细地讨论一下数据科学的相关学科与领域。但是，正如我们上文提到的，数据科学由于其交叉学科的特点，和其他很多学科是交叉融合发展的，我们很难划出它们之间的清晰边界。因此，我们在下面的介绍中只是让读者了解这些关联学科，并不试图将它们进行对比或者区分。

1.3.1　统计学和计量经济学

与数据科学联系最紧密的可能就是统计学了。统计学是通过搜索、整理、分析、描述数据等手段，以达到推断所测对象的本质，甚至预测对象未来发展趋势的一门综合性学科。统计学用到了大量的数学及其他学科的专业知识，其应用范围几乎覆盖了社会科学和自然科学的各个领域。从这个定义来看，统计学几乎可以和数据科学画等号了。尽管统计学中也有不少分支，但我们不能否认一部分统计学家做的工作和数据科学家做的工作雷同。当然，现在的数据科学除了应用统计学的知识之外，还应用了很多传统统计学以外的知识。

应用统计学大概可以分为两部分：描述性统计和推断性统计。描述性统计是指用一些统计量（也就是某些数字）来描述观察到的样本（也就是所面对的数据）。例如：平均数就是一个统计量，它可以用来描述一组数字的中心位置。推断性统计也叫统计推断，是用样本的统计量去推断总体的统计量。也就是说，根据已经观察到的样本的特性去推断没有观察到的总体的特性。例如，我们没有办法对整个城市的成年人测量身高（这是所谓"总体"），但是，我们可以抽取一个"样本"（随机抽取一万个成年人测量身高），这是不难做到的。这一万个成年人的平均身高，在某种程度上可以代表整个城市成年人的平均身高。这个过程在统计学上称为"估计"，是统计推断的一种。总之，统计学做的很多工作就是要找到能估计总体某个特性的统计量，这个统计量要能比较容易地从样本中获得，还要分析估计的准确度、误差的大小、估计的可信度等。这里边的学问可是不少，构成了数据科学中很多分析方法的基础。

既然本书是基于商业分析的视角来看数据科学的，那么就不可避免地要提到经济管理的名词。"计量经济学"是绝大部分经管学科的学生要学习的内容，或者他们至少听说过这个名词。简单地说，计量经济学就是统计学在经济学中的应用。所以计量经济学与数据科学也是密切相关的。其中，计量经济学中最常使用的回归分析，也是数据科学中的核心方法之一。回归分析的目的在于了解两个或多个变量间是否相关、相关方向与强度，并建立数学模型，以便通过观察特定变量来预测研究者感兴趣的变量。更具体地说，回归分析可以帮助人们了解在只有一个自变量变化时因变量的变化量。这一部分，我们在后面的章节再具体讨论。

1.3.2　数据挖掘

数据挖掘是一个跨学科的计算机科学分支。它是用人工智能、机器学习、统计学和数据库的交叉方法在相对较大型的数据集中发现模式的计算过程。[1]

数据挖掘过程的总体目标是从一个数据集中提取信息，并将其转换成可理解的结构，以进一步使用。[2] 除了原始分析步骤，它还涉及数据库和数据管理、数据预处理、模型与推断、兴趣度度量、复杂度等考虑，以及发现结构、可视化及在线更新等后处理。数据挖掘是"数据库知识发现"[3] 过程中的一个关键部分，本质上属于机器学习的范畴。

数据挖掘有以下几个主要任务：

（1）异常值检测（异常/变化/偏差检测）：识别不寻常的数据记录，对错误数据进行进一步调查。

（2）关联规则学习（依赖建模）：搜索变量之间的关系。例如，一个超市可能会收集顾客购买习惯的数据。运用关联规则学习，超市可以确定哪些产品顾客经常一起买，并利用这些信息帮助营销，这有时被称为"市场购物篮分析"。

（3）聚类：是指在未知数据结构的情况下，发现数据的类别与结构。

（4）分类：是指对新的数据推广已知结构的任务。例如，一个电子邮件程序可能试图将一封电子邮件分类为"正常邮件"或"垃圾邮件"。

（5）回归：是指试图找到能够以最小误差对该数据进行建模的函数。

（6）汇总：是指提供一个更紧凑的数据集表示，包括生成可视化的报表。

最后，数据挖掘的工作还需要验证效果，要将"挖掘"出来的关联、关系、分类等

① CHAKRABARTI S, ESTER M, FAYYAD U, et al. Data mining curriculum: a proposal (version 1.0)［R］. Intensive Working Group of ACM SIGKDD Curriculum Committee, 2006.

② CHAKRABARTI S, ESTER M, FAYYAD U, et al. Data mining curriculum: a proposal (version 1.0)［R］. Intensive Working Group of ACM SIGKDD Curriculum Committee, 2006.

③ FAYYAD U, PIATETSKY-SHAPIRO G, SMYTH P. From data mining to knowledge discovery in databases［J］. AI magazine, 1996, 17（3）: 37–54.

规则代入实际数据中进行检验。

可以说，数据挖掘的这些技术和统计学一起构成了数据科学的基础。我们在后面的章节中也会分别介绍几个主要的基础数据挖掘技术。

1.3.3　管理信息系统

管理信息系统（Management Information System，MIS）作为工商管理领域的一门学科，是"研究组织如何有效地利用与管理'信息技术'管理信息（Management Information）来支持其'营运能力'、提升'经营效率'与达到策略目标'的学问。那些与决策自动化或支持决策者做决策有关的信息管理方法（例如决策支持系统、专家系统和主管支持系统）也都属于管理信息系统这门学科学习和研究的范畴。其中，"管理信息系统"作为一个系统，是指一个以人为主导的，利用计算机硬件、软件和网络设备，进行信息收集、传递、存储、加工、整理的系统，其目的是提高组织的经营效率。

在企业实践中，管理信息系统主要有三个功能：

（1）数据的获取和管理。这里包括数据库实施和管理、数据安全、隐私等问题。

（2）生成管理信息。这是商业分析的主要职能，基于数据产生有管理意义的信息。

（3）信息系统的架设和实施。这里需要考虑整体架构，不同的业务部门之间的信息传递，以及硬件的选择、配置等问题。

很明显，从业务部门的角度来看，"数据科学"在企业管理中属于管理信息系统业务的第二个功能。随着数据科学的发展，传统的管理信息系统可以采用更加先进的数据挖掘和机器学习技术，更好地完成第二个功能，即生成管理信息。

1.3.4　机器学习

机器学习是人工智能的一个分支。人工智能的研究历史有着一条从以"推理"为重点，到以"知识"为重点，再到以"学习"为重点的自然、清晰的脉络。显然，机器学习是实现人工智能的一个途径，即以机器学习为手段解决人工智能领域的问题。机器学习在近30年已发展为一门多领域交叉学科，涉及概率论、统计学、逼近论、凸分析、计算复杂性理论等多门学科。机器学习的工作主要是设计和分析一些让计算机可以自动"学习"的算法。"机器学习算法"是一类自动分析数据并从中获得规律，再利用规律对未知数据进行预测的算法。机器学习算法涉及了大量的统计学理论，因此机器学习与推断统计学联系尤为密切，也被称为统计学习理论。算法设计方面，机器学习理论关注可以实现的、行之有效的学习算法。很多推论问题属于无程序可循难度，所以部分机器学习研究的是开发容易处理的近似算法。上文中我们提到数据挖掘本质上也是一种机器学习，数据科学中经常应用的一些算法也是机器学习领域的成果。当然，机器学习的目的更加强调计算机自动地进行学习，最终达到人工智能，它在数据科学以外的领域有着非常广泛的应用，比如图像识别、语音识别等。

1.3.5 商业智能和商业分析

商业智能（Business Intelligence，BI）是支持数据准备、数据挖掘、数据管理和数据可视化技术的总称。利用商业智能工具和流程，用户最终能够从原始数据中识别切实可行的信息，促进各行各业的企业制定出数据驱动的决策。在工商管理领域，商业智能通常被理解为将企业中现有的信息资料转化为知识，帮助企业做出明智的业务经营决策的工具。这里所谈的数据包括来自企业业务系统的订单、库存、交易账目、客户和供应商资料，来自企业所处行业和竞争对手的资料，以及来自企业所处的其他外部环境的资料等。而商业智能能够辅助的业务经营决策既可以是作业层的，也可以是管理层和策略层的。商业智能属于管理信息系统中比较传统的概念，侧重于解读现有的状况，而不是预测。例如，当前商品销售量是多少，比上个季度增长了多少，等等。

商业分析（Business Analytics）是一个比较新的概念，它是随着数据科学、机器学习等技术的发展以及大数据概念的普及，在商业智能的基础上发展起来的，实际上就是数据科学在商业领域的应用。

商业分析是指对过去的业务绩效进行持续迭代探索和调查的技能、技术和实践，以获得洞察力，并推动业务规划。商业分析侧重于根据数据和统计方法开发新的见解以及加深对业务绩效的理解。相比之下，商业智能侧重于使用一组一致的指标来衡量过去的绩效，并指导业务规划。换句话说，商业智能侧重于描述，而商业分析侧重于预测和处方。

1.4 数据科学家的常用工具

我们在上文说过，数据科学家需要具有多方面的知识和能力。那么在工作中，数据科学家需要哪些工具呢？数据科学家需要对数据进行分析，因此数据分析工具非常重要。具体地说，数据科学家使用各种软件对数据进行分析，并进行重新表达，展现给最终用户。

在这个过程中，常用的工具软件有统计分析软件。其中，功能比较简单基础的是Excel，更加专业一些的是SPSS、Stata、Minitab等，还有大型统计软件SAS。数据科学家有时会用一些专门的软件如Tableau和Power BI，它们可以生成非常专业的数据面板，让数据分析的结果比较美观地展示出来，如图 1-2 所示。

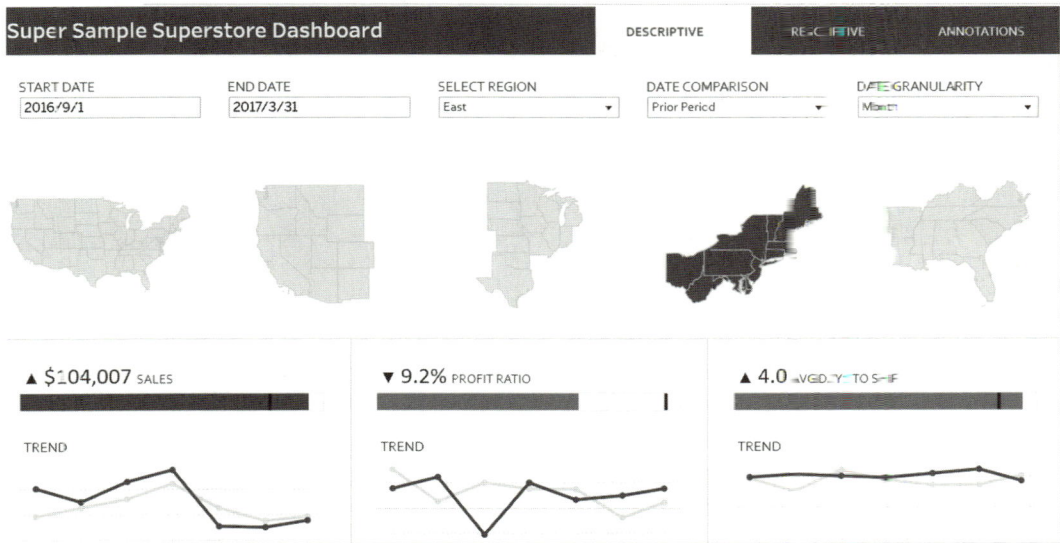

图1-2 数据面板示例

除了统计分析外，数据科学家需要具备与数据库中的数据进行交互和对其进行操作的技能。由于目前主流的数据库技术都是关系型数据库，因此，数据科学家也需要掌握SQL，以便从公司的数据库中获取需要的数据。

很多时候，数据科学家需要执行一些更有挑战性的工作，比如开发新的算法、新的模型，或者需要获取一些外部数据，例如互联网上的数据。这时，上面这些工具就有局限性了。数据科学家需要熟练掌握至少一门编程语言。目前主流的是Python，它有大量成熟的功能包，非常适合数据挖掘、机器学习等的开发工作。

本书中的编程案例将用Python语言阐述。如果读者没有这方面的基础可以先跳过程序代码，待学习了Python语言编程有了一定的基础知识后再阅读。

1.5　数据科学的职业路线

如今，很多企业的发展遭遇瓶颈期，传统上靠经验决策已经无法带来新的增长。因此现在越来越多的企业在管理决策上更加依靠数据。数据驱动决策不再是一句空话，越来越多的企业在经营中不断实践。在这个大环境下，数据科学的相关工作前景广阔，在国内外都有着大量的需求。在本部分，我们将简单介绍数据科学相关的工作、它们在企业中的职能以及未来的发展路线。

1.5.1　数据分析师

数据分析师（Data Analyst）的职能顾名思义就是分析数据。当然，分析数据的目的是发现背后隐藏的规律或者知识，从而解决企业的实际问题，或者发现潜在的问题和机遇。从大的方面来讲，获取数据、清洗数据、处理数据、计算指标、建模分析、写报告都是数据分析师的工作范畴。当然，大公司的架构完善，岗位分工比较细，数据已经有专门的人（也就是后面的数据工程师）负责处理。数据分析师只需要提出要求，然后将得到的数据放进软件（Excel 或者其他专业软件，参见第三章）分析，写报告后向领导汇报就可以了。而更复杂的工作，例如建立新的模型，那是其他人（数据科学家或者算法工程师）的工作。而如果在小公司或者初创企业，很多时候数据分析师要独当一面，什么工作都要做。

数据分析师可以在不同的部门出现，既可以在业务部门，也可以在 IT 部门。数据分析师在业务部门，主要是通过分析数据提出解决业务问题的方法和建议，因而其通常也可以叫商业分析师（Business Analyst）。例如，销售部门发现最近销售量下降，这就需要数据分析师找出原因、提出建议。在产品部门，数据分析师有时也叫产品分析师。他们分析产品运营情况，提出产品策略和运营策略。在 IT 部门，数据分析师的核心工作偏重数据管理和技术支持。他们需要既懂技术，又了解业务，通过数据分析和可视化工具，使 IT 部门更高效地支持公司业务目标的实现。

1.5.2　数据工程师

数据工程师（Data Engineer）的主要职能是获取和保存数据，分析数据不是他们的主要职能。数据工程师需要将企业的数据妥善地管理起来，用什么存储技术、需要哪些软硬件，这些都要根据企业的业务形式和业务规模决定。当然，数据工程师最好要理解商业数据分析的基本原理，这样在与数据科学家或者数据分析师合作时可以更加顺畅。

在更大型的机构或者专门数据的公司中，这个职位还可能细分出数据架构师（Data Architect）的职位。数据架构师负责搭平台，从原始的粗糙数据建立数据库。他们需要设计如何读取、处理以及使用这些数据。在这种分工下，数据工程师则负责进行下一步工作，也就是对数据进行预处理、清洗等工作。数据工程师应该按照数据分析师的要求，提供预处理过的、"干净"的数据。

1.5.3　商业智能分析师

商业智能分析师（BI Analyst）跟数据分析师的职能相近，都是将数据分析成可供决策者参考的管理信息。商业智能分析师比较重要的能力是熟悉本领域的业务知识（Domain Knowledge）和能够处理大量的企业内部数据。与数据分析师或者商业分析师相比，商业智能分析师的侧重点是利用数据解释当前或者过去的业务情况，建立清晰的数据仪表盘（Dashboard）以及找到其中的商业启示。从专业知识的角度来比较，商业智能分析师对高级统计知识要求不高，但是要能熟练使用 Tableau 和 Power BI 这样的商业软件，要有很强的讲故事能力。有时候，商业智能分析师需要根据任务，自己定义需要何种数据、何种业务指标等。在大多数情况下，商业智能分析师需要企业全部的内部数据，因为要把这些信息完整、有效地展现给使用者（业务部门的经理或者公司高管），因此，自己直接从公司数据库中获取比向 IT 部门的同事索取更加高效。所以熟练掌握 SQL 也是商业智能分析师必备的技能。

数据分析师或者商业分析师则更强调预测能力，也就是要基于当前已有数据，应用模型和算法对将来的情况进行预测。他们需要具有比商业智能分析师更强大统计分析能力，但是大多数情况下他们只分析任务相关的数据。正如上文提到过的，商业分析师虽然也经常需要清洗和处理数据，但是在大企业里他们也可以要求数据工程师帮他们完成这些预处理。

1.5.4　数据科学家

数据科学家这个职位在不同的公司有不同的定义。按照一般的定义，上述数据分析师、商业智能分析师等都属于数据科学家的一种。但是，有的公司定义数据科学家为一种要求更高的职位。我们在此采用后者。

数据科学家具有多个领域的广泛专长，不仅了解企业的业务知识，还精通统计分析和机器学习。数据科学家的最佳定义之一是：数据科学家是比大多数程序员更好的统计学家和经济学家，比大多数统计学家更好的程序员和经济学家，比大多数经济学家更好的统计学家和程序员。

举个例子：在一家连锁酒店中，收入管理是业务中至关重要的一环，而其中有两个关键因素需要重点考虑。

第一，不同的日期对酒店的经营影响是不同的。有些日期的需求远高于其他日期，因而显得格外重要。第二，客户的支付意愿会随着时间、地点的变化而波动。例如，在某些热门时段或特别位置，客户愿意支付的价格可能是平时的几倍。

数据科学家可以通过运用统计学方法和行业专业知识，精确识别这些"关键日期"，从而帮助酒店制定更有效的资源分配和策略规划。而在定价方面，数据科学家的任务又有所不同。借助机器学习等先进工具，他们可以高度准确地预测客户在特定日期和地点愿意支付的最高价格。

更令人兴奋的是，这些预测和优化过程可以实现实时执行，并完全自动化。这样，酒店不仅能够快速响应市场变化，还能在收入管理中保持竞争优势。

数据科学家在数据中游泳，但数据很少是友好的，因此数据科学家处处都面临着挑战。但经历的项目越多，数据科学家对业务和机器学习的理解就越深，对任何雇主（或客户）而言他的价值就越高。

总之，数据科学家在整个工作过程中，从数据的初始采集和探索到项目期间不同模型的产出以及对分析结果的比较，都采用了统计和概率分析的方法。机器学习使用各种先进的统计和计算技术来处理数据以找到正确的模式，参与机器学习应用的数据科学家不必亲自从头开始编写机器学习算法。通过理解机器学习算法、知道它们可用于做什么、明白它们生成的结果意味着什么，以及了解各种算法适应的特定数据类型，数据科学家可以将机器学习算法视为一个黑盒。这能使数据科学家专注于数据科学的应用，并测试各种机器学习算法，以了解哪种算法最适合他关注的场景和数据。

成为一名成功的数据科学家的关键因素是能够围绕数据"讲故事"。这个故事可能揭示了数据分析的深刻见解，或者项目期间创建的模型如何适配组织的流程，以及它们对组织功能可能产生的影响。开展一个大而全的数据科学项目是没有意义的，除非它的输出是有用的，并且能被非技术人员理解和信任。

1.5.5 算法工程师

算法工程师的工作重点在于算法本身的技术实现和优化。他们通常需要深入理解机器学习的理论基础，研究算法的数学原理，并根据具体需求对算法进行改进，以提升其性能和适用性。同时，算法工程师还需要将这些理论和技术转化为可运行的代码，确保算法能够高效、稳定地应用到实际生产环境中。这包括对模型的训练、验证和优化，以及处理算法在大规模数据下的分布式实现问题。

与数据科学家注重从数据中提取洞察不同，算法工程师的职责更偏向于技术层面的深度探索。他们通常需要跟踪机器学习领域的最新研究成果，并将这些前沿理论应用到实际场景中，以解决复杂的问题。可以说，算法工程师是理论与实践的桥梁，他们的工作不仅推动了算法的技术进步，而且为数据科学家和业务团队提供了坚实的技术基础。两者在职责上各有侧重，但紧密协作，共同推动人工智能技术的落地与发展。

本章小结

本章主要围绕数据科学展开多方面论述：开篇阐述了企业数据收集能力提升及数据科学兴起的背景，强调其在各行业应用广泛及对企业获取竞争优势的重要性；接着详细解释了数据科学的概念，指出它融合了多学科元素，涵盖了多种技术，且通过客户流失预测案例展示其应用价值。

在发展历程方面，本章分别从数据收集和数据分析两条主线进行梳理，介绍了各阶段关键技术变革，如关系型数据模型、数据仓库、大数据技术等，以及统计分析、机器学习等在数据分析中的演进，明确了数据科学产生的背景与发展脉络；同时探讨了数据科学与统计学、计量经济学、数据挖掘等相关学科领域的联系与区别，以及数据科学家所需的专业知识和技能；最后介绍了数据科学领域常见的职业路线，包括数据分析师、数据工程师、商业智能分析师、数据科学家和算法工程师等，明确了各职位职能的差异，为读者全面了解数据科学领域奠定了坚实的基础。

2 数据科学与商业分析

商业分析（Business Analytics）作为数据科学的重要应用领域之一，深度融合了数据科学的方法和技术，致力于更全面地识别企业的绩效状况、市场趋势以及客户需求。这一过程不仅依赖于数据科学的方法和工具，还借助其为商业分析提供更深层次的洞见（Insight），为决策制定提供坚实支撑。数据科学不仅使商业分析更加准确和深刻，而且极大地提高了决策制定的效率，协助企业更好地应对市场的不断变化，最终实现商业成功。由于数据科学可以应用的领域非常广泛，本书主要以商业分析的角度来阐述数据科学的相关知识。在本章中，我们将首先了解什么是商业分析，这门学科包括哪些内容。接着，我们以商业分析的项目为例，学习应用数据科学进行分析的工作流程和方法。最后，我们了解一些商业分析里的具体分析内容。

2.1 商业分析

2.1.1 商业分析概述

商业分析是指通过收集、整理和分析相关数据和信息，了解企业当前情况并预测未来走势的一种方法。它可以帮助企业了解市场需求、竞争对手、客户行为等，从而制定合适的商业战略和决策。商业分析是企业管理的重要组成部分，可以帮助企业提高运营效率、降低风险和实现可持续发展。

一位国外客户在亚马逊网站上浏览"point and shoot"相机产品，亚马逊系统会记录下该客户此次的浏览行为，包括浏览的具体时间、浏览的产品型号、停留时长等信息。同时，如果客户将某一款佳能相机加入购物车，系统也会记录这一添加行为，以及添加产品的具体信息。亚马逊通过对该客户以及大量其他客户的类似行为数据进行分析，构建客户画像。基于上述客户的行为，系统分析得出该客户对"point and shoot"相机感兴趣，偏好佳能品牌且有购买意向。同时，系统还会综合该客户以往的购买记录、搜索历史等数据，进一步完善对该客户的画像，比如客户的消费档次、常用的配件搭配等信息。

（1）个性化产品推送：根据构建的客户画像，亚马逊开始向该客户进行个性化的产品推送。

（2）首次推送：第一封电子邮件展示了佳能的畅销型号相机，因为系统判断该客户对该品牌有偏好，且正在浏览相机产品，所以推荐该品牌的畅销款，增加客户购买的可能性。

（3）二次推送：第二封电子邮件推荐了柯达的畅销相机。这是因为亚马逊的数据显示，购买"point and shoot"相机的客户中，有相当一部分人也会选择柯达的畅销相机，所以认为该客户可能也会对其感兴趣，从而进行推荐，扩大客户的选择范围，提高销售机会。

（4）关联产品推送：第三封电子邮件则包含了一些经常与相机一起购买的物品，如相机包、存储卡等配件。亚马逊通过数据分析发现，购买此类相机的客户，很大概率也会需要购买这些配件，所以向客户推荐这些相关产品，以增加客户的购买量和消费金额。

（5）综合畅销品推送：最后一封电子邮件包含了买家正在浏览的整个"point and shoot"相机产品类别的畅销商品，不局限于特定品牌。这是基于大数据分析得出的该类产品中最受欢迎的款式，向客户展示这些畅销款，旨在吸引客户的关注，将其潜在的购买意向转化为实际的购买行为。

商业分析的核心是数据分析，但又不仅仅是数据分析（注意：商业分析在英文中常用的词是"Business Analytics"）。"Analytics"和"Analysis"是有一点区别的，它除了Analysis外，还包括了对数据的收集、筛选、处理、展示等更广泛的工作。通过收集和整理各种数据，商业分析师可以对企业的各个方面进行深入研究。这些数据可以来自内部的销售记录、财务报表、客户反馈等，也可以来自外部的市场研究、竞争对手分析等。商业分析师需要运用各种分析工具和技术，如统计分析、数据挖掘、预测模型等，对数据进行加工和解读，从而得出有价值的结论和建议。

商业分析的工作主要分为以下几个方面的内容：

（1）市场研究。商业分析通过对客户生活方式和行为习惯的调查，分析客户需求和偏好，帮助企业掌握客户的点点滴滴，以期开发出更符合客户需求的产品。

（2）竞争分析。商业分析通过研究行业内各大竞争对手的产品特点、定价策略、营销模式等，找出企业自身的优势和劣势，寻找卖点。

（3）销售分析。商业分析通过对各销售渠道、不同区域和客户群体的销售表现进行详细统计与分析，评估营销计划的效果，调整营销策略。

（4）运营效率分析。商业分析通过分析公司各部门的运营数据，评估资源利用效率和成本控制水平，识别瓶颈和问题点，提出优化建议。

（5）财务表现分析。商业分析通过对财务报表中的各项指标，如毛利率、项目费用比例等进行独立分析，评估企业的长短期盈利能力和财务状况。

（6）风险分析。商业分析通过分析可能影响企业的各种风险因素，如政策风险、行业风险、竞争风险等，为企业做好风险应对和规避工作。

通过系统收集和分析各种数据，商业分析可以为企业提供全面的内部和外部环境分析，成为企业决策的重要依据。需要注意的是，商业分析的商业不仅是我们一般认为的商业组织的问题，也包括其他如非营利组织、政府机构等的决策问题。从这个角度来说，我们把"Business Analytics"理解成"业务分析"更加合适。

根据商业分析的困难程度以及给企业带来的价值进行分类，我们可以把商业分析分为以下四类：

1. **描述性分析**（Descriptive Analytics）

描述性分析就是指描述过去或者当前正在发生的事。这类分析是我们日常生活和工作中最常见的，例如，过去 3 年每个月的销售额分别是多少，公司每个季度积压的存货有多少，某个地区的 GDP 和居民平均收入是多少。描述性分析可以告诉我们"曾经发生过什么"。需要注意的是，在大数据时代（我们会在后文详细探讨大数据这个话题），随着数据搜集能力和计算机处理能力的提升，分析已经可以近乎实时地进行，也就是随着新的数据流入立即获得分析结果。所以严格地说，现在的描述性分析不仅可以告诉我们"曾经发生过什么"，还可以告诉我们"正在发生什么"。

这样说来，描述性分析得到的结果看起来有点"事后诸葛亮"。如果和后面几类分析相比较，它的价值可能确实相对较小。但是描述性分析是其他所有分析的基础，有不容低估的作用。

例如，一个制造业企业，其内部是一个复杂的系统（不同的工厂、车间、仓库），外部是纷繁复杂的环境（供货商、客户）。如果不进行数据搜集、分析和报告，公司管理者恐怕无法清楚地知道公司内部发生了些什么，更不用说了解外部的市场环境了。因此，描述性分析是所有商业机构开展业务、进行科学决策的基础。

2. **诊断性分析**（Diagnostic Analytics）

诊断性分析的目的是深入了解事情发生的根本原因和潜在因素。它可以告诉我们事情"为什么发生"。与描述性分析或预测性分析不同，诊断性分析更加关注问题的发生机制和背后的因果关系。

例如，一家零售业公司通过对各种产品的月度销售量的描述性分析，可以大概知道哪些产品更受消费者欢迎（销售量高）。而诊断性分析可以告诉公司为什么某些产品销售得更好：也许是因为做了促销，也许是因为投放了更多的广告，也许消费者就是喜欢这些产品的某种设计，还有可能并不是产品自己的原因，只是因为因为竞争对手的同类产品出现了质量问题。

如果一家公司不能正确地了解这些因果关系，就很可能做出错误的判断，从而做出错误的决策。所以，诊断性分析的作用和能给使用者带来的价值通常比描述性分析要大一些，其工作的困难程度当然也高一些。

3. **预测性分析**（Predictive Analytics）

知道了事情为什么会发生，人们自然地就会想知道，将来这样的事情是否会继续发生，或者将来还会发生什么事情，这就是预测性分析要回答的问题。

例如，上述的零售业公司通过诊断性分析知道，某种产品在这个季度的销量增长了 10% 是因为他们投放了 100 万元的广告，那么公司下个月继续投放 100 万元的广告，销量是否也能增长 10%，或者投放 200 万元的广告，销量是否就能增长 20% 呢？

预测性分析的结果想做到比较准确，是非常困难的。尽管如此，它对使用者来说仍然很有价值，因为任何公司、机构、业务部门在做决策的时候都要对未来的情况进行估计。某种产品未来一两年的需求是多少？未来某种生产原材料的价格是升还是降？某条道路的交通流量大概是多少？对这些关键问题的预测精度哪怕提高一点点，带来的利益都是巨大的。

4. 指导性分析（Prescriptive Analytics）

指导性分析过去也经常被称为"规范性分析"，它的目标是设计一种机制，让事情向我们预想的方向发展。这种分析是应用预测性分析的结果以优化我们的决策。

例如，在物流和运输领域，指导性分析可以帮助企业优化物流网络、货运路线和库存管理。通过分析订单数据、运输成本和供应链网络，指导性分析可以指导企业在运输计划、仓储布局和运输方式选择方面做出决策。

又例如，在金融服务领域，指导性分析可以帮助银行和保险公司进行风险评估、投资组合优化、欺诈检测等。通过分析客户数据、市场数据和风险模型，指导性分析可以指导金融机构在风险管理、产品设计和市场定位方面做出决策。

我们用图 2-1 表示上述的分类。图中的横坐标代表工作的困难程度，纵坐标代表能给我们带来的价值大小。处于坐标系左下角的分类，更容易实现，带来的价值较小。而处于右上角方向的分类，不容易实现，但是带来的价值更大。从图 2-1 中我们可以看到，前两类分析是对已知数据的描述、再现或者挖掘，它们主要告诉我们发生了什么，为什么会这样。相对而言，后两类分析可以对未来的情况进行预判，它们给企业管理决策带来的价值更大。

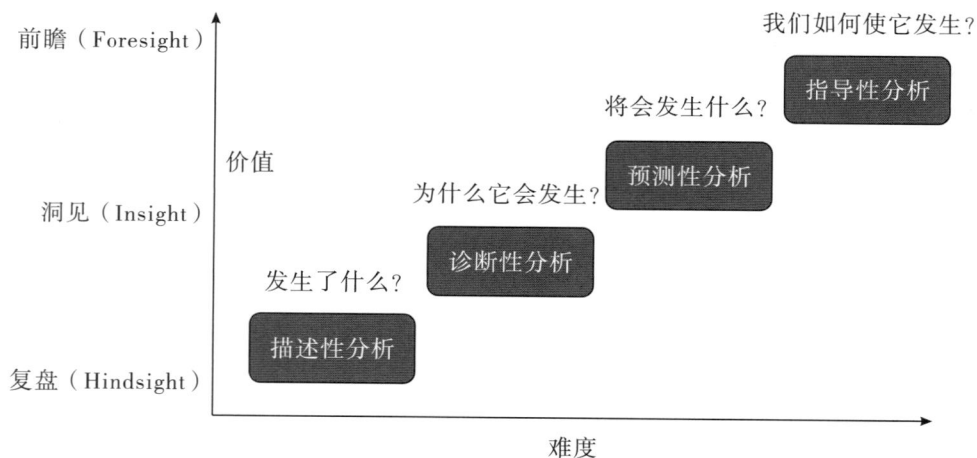

图 2-1 分析模型的分类

需要指出的是，在实际工作的一个数据科学或者商业分析的项目，既有可能是上述四类中的某一种分析，也有可能包括了其中的多种分析。这完全取决于具体工作的需要，如这个项目的规模、可以投入的资源以及实施项目的目标。

例如，我们可以实施一个专门研究为什么网站的访问量出现了大幅度下降的项目，这就是一个诊断性分析。有时候我们也会实施一个预测航运价格在未来的变化的项目，但是在进行预测之前，我们可能要先研究一下到底是哪些因素影响了航运价格，并且是如何影响的。因此，这个项目既包括了预测性分析，也包括了诊断性分析。

2.1.2   商业分析的目标

商业分析的目标是帮助企业做出明智的决策，提高业务绩效和利润。具体来说，商业分析的目标包括以下几个方面：

（1）了解市场需求和趋势：商业分析可以通过市场研究和数据分析，帮助企业了解市场的需求和趋势。商业分析师可以分析市场规模、增长率、细分市场的竞争情况等，从而帮助企业确定产品定位、市场定位和市场推广策略。

（2）分析竞争对手：商业分析可以帮助企业了解竞争对手的业务模式、市场份额、产品特点等。商业分析师可以通过分析竞争对手，帮助企业制定有效的竞争策略，提高企业竞争力。

（3）优化供应链管理：商业分析可以帮助企业优化供应链管理，提高供应链的效率和可靠性。商业分析师可以通过分析数据，识别供应链中的瓶颈和风险点，并提出改进措施，以降低成本和提高交货准时率。

（4）提高客户满意度：商业分析可以帮助企业了解客户的需求和行为，从而提供更好的产品和服务。商业分析师可以通过分析数据，识别客户的偏好和需求，帮助企业优化产品设计，提高客户满意度。

（5）预测销售和收益：商业分析可以帮助企业预测销售和收益，提供决策依据。商业分析师可以通过分析数据和预测模型，预测未来的销售趋势和收益情况，帮助企业制定销售目标和财务计划。

总之，商业分析是一种重要的管理工具，可以帮助企业了解市场、竞争对手、客户等各个方面的情况，从而制定合适的商业战略和决策。商业分析的目标是帮助企业提高业务绩效和利润，实现可持续发展。通过合理运用商业分析，企业可以更好地把握市场机遇，应对挑战，赢得竞争优势。

2.2   商业数据分析的基本步骤

商业数据分析是在当今商业环境中发挥关键作用的工具。下面将详细探讨商业数据分析的基本步骤，包括理解商业问题、理解及获取数据、准备数据、建立模型、评价模型效果以及实施与应用。

2.2.1　理解商业问题

商业数据分析的第一步是深刻理解所面临的商业问题，这可能包括市场趋势、客户需求、竞争对手行为等。理解商业问题的关键是确保分析项目与企业的战略目标相一致。关于理解商业问题，以下是关键因素：

（1）明确定义的问题陈述：是指明确阐述要解决的问题，例如，"如何提高产品销量？"或"如何减少客户流失率？"，确切的问题陈述有助于明确定义分析的范围和目标。

（2）目标和期望：是指明确项目的目标和预期结果，例如，销售额增加10%或成本减少5%。这有助于建立明确的衡量标准。

（3）业务上下文：是指考虑问题在业务中的背景和重要性，以便更好地理解其影响。理解问题的上下文有助于为解决方案提供更多洞见。

（4）利益相关者的需求：是指了解利益相关者的需求和期望，以确保他们的需求得到满足。与利益相关者的合作是项目成功的关键。

2.2.2　理解及获取数据

一旦商业问题得到清晰定义，下一步就是理解及获取数据。数据是商业分析的基础，因此获得合适的数据并且深刻理解数据的特性和质量至关重要。理解及获取数据可以分为三个步骤：识别数据集、检索数据和查询数据。下面将详细介绍每个步骤以及需要注意的问题。

1. 识别数据集（Identify Data Set）

（1）确定数据需求：是指明确项目的目标和数据需求，包括所需的数据类型、时间跨度、数据量等。

（2）寻找合适的数据来源：是指确定合适的数据集来源，可以是内部数据（例如企业数据库、日志文件）或外部数据（例如开放数据集、第三方数据提供商）。了解数据的来源有助于确定可用资源。

（3）了解数据类型：数据的类型有结构化数据（如数据库表格）和非结构化数据（如社交媒体帖子或文本评论）。不同类型的数据需要不同的处理方法。

（4）对数据集进行评估：是指主要评估数据集的可用性、可靠性、相关性和适用性，确保数据集能够满足项目需求。

评估数据的质量，需要评估其准确性、完整性和一致性。必要时，我们需进行数据清洗，以确保数据的准确性。我们还需要确定数据的可用性和访问性，以确保可以获得所需的数据。对有关数据可用性和访问权限的明确了解，对项目成功至关重要。

2. 检索数据（Retrieve Data）

这一步指的是确定获取数据的方式、工具和技术。我们需要根据数据集的特点，选择适当的数据获取方式。常见的方式包括 API 调用、数据库查询、文件下载、网络爬虫等。根据所选择的数据获取方式，选择相应的工具和技术来实现数据的获取，例如，使用 Python 的 requests 库进行 API 调用；使用 SQL 查询数据库；使用网络爬虫框架 Scrapy 爬取网页数据等。

这一步需要注意的是数据获取的合法性和合规性。我们应确保数据的获取符合法律法规和数据使用的规定，尤其是对于外部数据源，可能需要获取许可或遵守数据使用协议。

3. 查询数据（Query Data）

确定了需要获取的数据特点和技术手段之后，接下来就是具体的数据查询过程。这一步首先需要考虑使用何种数据查询语言和工具。如果数据存储在数据库中，我们可以使用相应的查询语言（如 SQL）来检索数据。根据数据需求和分析目的，我们编写合适的查询语句来获取所需的数据。这也是在企业中，特别是有一定规模的企业中，数据科学家最常使用的查询数据的方式。

其次要考虑查询性能和优化。对于小型项目，这也许不是什么问题，但对于大型数据集或复杂查询，我们需要考虑查询性能，可以使用索引、优化查询语句、批量查询等技术来提高查询效率。

最后是数据截取和子集选择的问题。根据项目的需求，我们可以从整个数据集中截取或选择所需的子集。这可以根据时间、地理位置、特征等进行筛选，以便更好地满足项目的分析目标。也就是说，我们不必每次都使用全部可以获取的数据。这样可以节省时间、精力以及计算资源。

在数据获取过程中，我们还需要注意以下几个问题：

（1）数据隐私和安全性：在获取数据时，我们需遵守隐私和安全规定，保护敏感信息和个人隐私。

（2）数据质量和一致性：我们需评估数据质量，并在获取数据后进行数据清洗和预处理，以确保数据的准确性和一致性。

（3）数据使用授权和许可：对于外部数据来源，我们在获取数据时需遵守相关的许可规定和使用协议。

（4）数据获取文档和元数据管理：对于获取的数据，我们需记录数据的来源、定义数据字段、数据处理过程等信息，以便后续的数据分析和共享。

通过仔细执行识别数据集、检索数据和查询数据的步骤，并注意相关问题，我们可以获得可靠、高质量的数据，为后续的数据分析和建模提供良好的基础。

2.2.3 准备数据

在数据科学中，准备数据是指对获取的原始数据进行探索和预处理的步骤，以便为后续的数据分析和建模做好准备。这个步骤通常包括数据探索和数据预处理两个方面。

1. 数据探索（Data Exploration）

（1）数据可视化：是指通过绘制直方图（Histogram）、散点图（Scatter Plot）、箱线图（Box Plot）等可视化图表，探索数据的分布、关联性和异常值。可视化有助于直观地理解数据的特征和趋势。

（2）描述性统计分析：是指计算数据的基本统计特征，如均值、标准差、中位数等。这些统计指标可以提供对数据集的总体认识，并帮助我们发现异常值或缺失值。

（3）相关性分析：是指通过计算数据之间的相关系数，了解不同变量之间的关系。这有助于发现变量之间的相关性，并为后续的特征选择和建模提供指导。

（4）数据分布分析：是指通过观察数据的分布情况，确定是否存在偏态分布、离群值等。这有助于判断是否需要进行数据变换或异常值处理。

（5）特征工程：是指根据数据的特点和分析目标，进行特征选择、新特征构造、特征缩放等操作，以提取有用的信息和改进数据的表示形式。

2. **数据预处理**（Data Preprocessing）

数据预处理是指以下几种操作，它为下一步的分析准备好可以直接使用的数据：

（1）缺失值处理：是指检测和处理缺失值。我们可以通过删除含有缺失值的样本、插补缺失值、使用均值或中位数填充等方法来处理缺失值。处理缺失值有助于避免对分析结果产生不良影响。

（2）数据清洗：是指识别和处理噪声、异常值和不一致的数据。我们可以运用异常值检测技术、规则检查、统计方法等进行数据清洗，以提高数据的质量和准确性。

（3）数据变换：是指对数据进行变换，以满足分析的要求。常见的变换包括对数变换、标准化、归一化等，以便消除数据的偏态分布或尺度差异。

（4）特征编码：是指将分类变量转换为数值表示，以便进行建模和分析。我们可以使用独热编码（One-Hot Encoding）、标签编码等方法将分类变量转换为数值特征。

（5）数据集划分：是指将数据集划分为训练集、验证集和测试集，用于模型训练、调优和评估。划分数据集时，我们需要考虑样本的随机性和保持数据分布的一致性。

（6）数据归档和文档：对于进行过预处理的数据，我们需要进行归档和文档管理，记录数据的处理过程、变量定义、数据字典等，以便后续的数据分析和共享。

在准备数据的过程中，我们需要注意以下几个方面：

（1）数据质量评估：我们需评估数据的质量，包括缺失值、异常值、数据一致性等方面，以确保数据的准确性和一致性。

（2）数据处理方法选择：我们需根据数据的特征和分析目标，选择合适的数据处理方法。不同的数据集和分析任务可能需要不同的处理方法。

（3）数据处理的可重复性：我们需确保数据处理的步骤和操作可以被重复执行，以便在需要时重新处理数据或将其应用到新的数据集上。

（4）记录和文档：我们需记录数据处理的过程和所做的处理操作，以便在后续的分析和建模中能够追溯数据的处理过程和方法。

通过仔细进行数据探索和数据预处理的步骤，我们可以更好地理解数据的特征和趋势，处理数据中的噪声和异常值，提取有用的信息，为后续的数据分析和建模做准备。这一步骤的执行质量对于后续的分析结果和模型效果有着重要的影响。

数据预处理是商业数据分析的关键一步。在这一阶段，数据将经过清洗、转换和整合，以确保可以进行有效的分析。关于数据准备，以下是关键因素：

（1）数据清洗：是指处理数据中的错误、重复项和缺失值，以确保数据质量。数据清洗有助于消除潜在的数据问题。

（2）数据转换：是指将数据转化为适合分析的格式，例如，将文本数据转化为数值数据。数据转换有助于提高数据的可分析性。

（3）数据整合：是指将不同来源的数据整合在一起，以获得全面的数据视图。数据整合有助于消除数据孤岛，从而提供更多的见解。

2.2.4　建立模型

建立数据模型是商业数据分析的核心。在这一步中，分析师将选择合适的分析方法和算法，以探索数据并解决商业问题。关于建立模型，以下是关键因素：

（1）模型选择：是指选择适当的分析方法，如回归分析、聚类分析、分类分析等。根据问题的性质选择正确的模型类型是关键，因为不同问题需要不同的方法。

（2）特征选择：确定哪些数据特征对于解决问题比较重要，以减少数据维度并提高模型性能。精心选择特征有助于提高模型的预测能力。

（3）模型训练：是指使用历史数据训练模型，使其能够做出预测或分类。模型训练是确保模型准确性的关键步骤。

（4）参数调整：是指对模型进行参数调整，以优化性能。参数调整是确保模型最佳性能的重要过程。

2.2.5　评价模型效果

一旦模型建立完成，必须对其性能进行评估。这可以通过使用测试数据集来验证模型的准确性和可靠性。关于评价模型效果，以下是关键因素：

（1）模型评估指标：是指选择适当的评估指标，如准确度、召回率、F1-Measure等，以度量模型的性能。不同问题可能需要不同的评估指标。

（2）测试数据集：是指使用独立的测试数据集来评估模型的泛化能力。测试数据集应该代表真实世界的数据，以便准确评估模型的实际效果。

（3）模型比较：是指如果有多个模型，可以进行比较以确定哪一个最适合解决问题。模型比较有助于选择最佳模型。

2.2.6　实施与应用

成功的商业数据分析项目需要将结果转化为实际行动，这包括决策制定、策略制定以及监测和反馈。关于实施与应用，以下是关键因素：

（1）决策制定：是指基于分析结果制定明智的决策，以解决商业问题。决策制定是分析项目的最终目标。

（2）策略制定：是指将分析结果纳入战略计划中，以确保业务能够获得长期成功。分析结果应与战略目标相一致。

（3）监测和反馈：是指定期监测实施效果，并根据反馈进行调整。反馈循环有助于不断改进业务和决策。

这些基本步骤构成了商业数据分析的关键流程，为企业提供了有力的工具，以理解问题、利用数据并采取明智的行动。通过贯彻这一流程，企业可以更好地应对挑战、发现机会并取得成功。

2.3 运营分析

2.3.1 运营是什么

运营是企业的日常活动，是将战略目标转化为实际行动的过程。它涵盖了企业的方方面面，包括生产、供应链、物流、库存管理、员工绩效等。运营是公司的生命线，它直接关系到产品的制造、交付和服务的提供。具体来说：

（1）生产：生产是企业核心运营活动之一，它涵盖了产品的制造、装配和质量控制。生产部门必须确保生产线的高效运转，以满足市场需求并提供高质量的产品。

（2）供应链：供应链管理涉及原材料的采购、供应商管理、运输和物流。一个高效的供应链能够降低成本、提高交货准时率和提升客户满意度。

（3）物流：物流涉及产品的分发和交付，包括仓储、运输和配送，确保产品能够按时送到客户手中。

（4）库存管理：库存管理涉及维持适当的库存水平，既不过高，也不过低。过高的库存将增加成本，而过低的库存可能无法满足客户需求。

（5）员工绩效：员工绩效管理是确保员工在工作中表现出色的关键。员工绩效直接影响到生产效率和服务质量。

运营的目标是以最高效的方式管理这些活动，以满足客户需求、降低成本、提高质量，并在竞争激烈的市场中取得竞争优势。运营分析是通过数据分析来实现这些目标的重要工具。

2.3.2 运营分析的指标

在进行运营分析时，企业需要使用一系列关键绩效指标（KPIs）来衡量运营过程的效果。这些指标帮助企业评估其运营活动的成功程度，以便做出改进和决策。以下是一些常见的运营分析指标：

（1）生产效率：生产效率测量了企业在生产过程中的效率，通常以生产产出与资源投入的比率来衡量。高生产效率表示在相同的资源投入下能生产较多的产品，成本较低。

（2）库存周转率：库存周转率衡量了企业库存的使用频率。较高的库存周转率表示库存管理更加高效，资金没有被囤积在库存中。

（3）交付准时率：交付准时率度量了企业按照承诺的交货日期交付产品或服务的能力。提高交付准时率可以提高客户满意度，增加客户忠诚度。

（4）员工生产力：员工生产力评估了员工的工作效率。提高员工生产力可以降低人工成本，同时提高工作质量。

（5）供应链可见性：供应链可见性衡量了企业对其供应链的可见程度。具有较高供应链可见性的企业更容易应对供应链问题和波动。

（6）不良率：不良率度量了制造或生产过程中的次品率。减少不良率可以提高产品质量，降低废品和维修成本。

2.3.3　应用案例

下面是一些实际运营分析的应用案例，这些案例展示了如何通过数据分析提高运营效率。

1.　生产排程优化

一家制造企业使用运营分析来优化生产排程。该企业分析了生产线的繁忙时段、员工生产力和设备维护时间，通过优化生产排程，减少生产周期，降低生产成本，提高交付准时率。

2.　供应链管理

一家零售企业使用运营分析来改进供应链管理。该企业分析了供应商的交货准时率、库存周转率和库存持有成本，通过识别供应链中的瓶颈和瓶颈供应商，更好地管理供应链，降低库存成本，提高供应链可见性。

3.　库存优化

一家电子商务企业使用运营分析来优化库存管理。该企业分析了不同产品的销售趋势、季节性需求和库存周转率，通过优化库存水平，减少库存成本，降低过期库存的损失，增加现金流。

这些案例突出了运营分析的关键作用，它可以帮助企业更好地管理生产、供应链、库存和员工绩效等，从而提高效率、降低成本，并提供更好的产品和服务。通过数据驱动的决策，企业可以实现更高的运营效率，从而在市场上获得竞争优势。

2.4　营销分析

2.4.1　营销是什么

营销是企业在市场中与客户建立联系、吸引客户、推广产品或服务，以最终实现销售和建立品牌的过程。它是企业与潜在客户及现有客户互动的关键部分。营销的目标是满足客户需求、提高品牌认知和建立客户关系。在营销中，企业通过各种渠道和策略与客户沟通，以激发客户购买兴趣并促使他们采取行动。

　　营销不仅包括传统广告和宣传，还包括数字营销、社交媒体营销、内容营销和关系营销等。它是一个综合的过程，需要深刻理解目标市场，了解客户需求，制定策略并实施计划，以有效地吸引客户。

　　营销分析是这一过程的关键部分，它旨在帮助企业更好地理解市场趋势、客户需求和竞争情况，以制定更有效的营销策略。通过数据驱动的方法，营销分析能够提供深入的见解，从而更好地满足客户需求、提高品牌认知并提高销售率。

2.4.2　营销分析的指标

　　在进行营销分析时，使用一系列指标来衡量营销活动的效果至关重要。这些指标不仅能够帮助企业了解其营销绩效，还指导企业做出决策并优化战略。以下是一些常见的营销分析指标：

　　（1）客户获取成本（CAC）：客户获取成本是企业为获取一个新客户而花费的成本。它包括广告费用、销售人员成本和市场营销费用。通过了解CAC，企业可以确定获得新客户的效率和成本。

　　（2）转化率：转化率衡量了潜在客户或访问者变为实际客户的比例，可以是网站访问者转化为注册用户的比例，也可以是注册用户转化为付费客户的比例。高转化率表示营销活动的效果好。

　　（3）客户满意度：客户满意度反映了客户对产品或服务的满意程度。高客户满意度通常与客户忠诚度和口碑相关，有助于维护和增加客户基础。

　　（4）品牌知名度：品牌知名度衡量了客户对品牌的识别和认知程度。通过了解品牌知名度，企业可以评估其品牌在市场中的影响力。

　　（5）广告效果：广告效果评估了广告活动的效果，包括点击率、广告转化率和广告支出回报率（ROAS）。这些指标有助于确定广告投资的回报和效益。

2.4.3　应用案例

　　下面是一些实际营销分析的应用案例，这些案例展示了如何通过数据分析提高营销投资回报率（ROI）。

1. 市场细分

　　一家电子商务企业使用营销分析来细分市场。该企业分析了客户行为、购买历史和兴趣，以识别不同的市场细分，通过了解不同市场细分的需求，制定个性化的营销策略，提高销售率。

2. 广告效果分析

　　一家在线广告代理企业使用营销分析来评估广告效果。该企业分析了广告点击率、转化率和展示数据，以确定哪些广告渠道和广告创意比较有效，从而优化广告预算分配，提高广告效果。

3．客户维护

一家订阅服务提供商使用营销分析来优化客户维护。该提供商分析了客户流失率、反馈和客户支持数据，以了解客户为什么流失，通过了解客户需求，采取措施提高客户满意度，并降低客户流失率。

这些案例突出了营销分析如何帮助企业更好地了解市场、客户需求和竞争情况，以制定更有效的营销策略。通过数据分析，企业能够降低客户获取成本，提高转化率、客户满意度和品牌知名度，从而提高销售率和品牌价值。

2.5　财务分析

2.5.1　财务分析是什么

财务分析是一种关键的企业管理工具，旨在了解企业的财务状况和绩效。通过财务分析，企业可以对其财务运营情况有更深刻的了解，并做出明智的财务决策。以下是财务分析的主要目标和领域：

（1）财务报表分析：通过分析企业的财务报表，包括利润与损失表、资产负债表和现金流量表，企业可以了解自身在收入、支出、资产和负债方面的情况。这有助于企业了解自身的盈利能力、偿债能力和流动性。

（2）成本管理：通过财务分析，企业可以了解不同成本组成部分，如直接成本、间接成本、固定成本和变动成本。这有助于企业降低不必要的成本，提高利润率。

（3）财务预测：通过财务分析，企业可以预测未来的财务绩效，包括销售收入、成本、利润和现金流。这有助于企业制定预算和计划，并提前识别潜在的财务问题。

（4）绩效评估：企业可以通过财务分析评估自己与竞争对手的绩效差距，以确定其在市场中的地位和优势。

（5）投资决策：财务分析有助于企业做出投资决策，包括扩大业务、投资新项目、并购其他公司或分配股利。分析未来潜在回报和风险可以帮助企业做出明智的决策。

2.5.2　财务分析的指标

财务分析使用一系列指标来评估企业的财务健康。这些指标包括：

（1）利润与损失表：利润与损失表（也称为损益表）显示了企业在一定时间内的总收入和总支出，其中的一些关键指标包括总收入、总支出、总利润和毛利率（总收入中净利润所占的百分比）。

（2）资产负债表：资产负债表显示了企业在一定时间点的资产和负债情况，其中的一些关键指标包括总资产、总负债、所有者权益和流动比率（流动资产与流动负债的比率，用于衡量流动性）。

（3）现金流量表：现金流量表显示了企业在一定时间内的现金流入和流出情况，其中的关键指标包括现金净流入、运营活动现金流、投资活动现金流和筹资活动现金流。

（4）毛利率：毛利率是企业在销售中所获得的毛利润与总收入的比率。它衡量了企业在销售中的盈利能力。

（5）净利润率：净利润率是企业的净利润与总收入的比率。它衡量了企业的盈利能力，并考虑了所有费用和损失。

2.5.3　应用案例

下面是一些实际财务分析的应用案例，展示了如何通过数据分析提高财务绩效。

1. 成本控制

一家制造企业使用财务分析来控制成本。该企业分析了不同产品线的成本结构，以确定哪些产品的成本较高，通过减少不必要的成本，提高利润率。

2. 财务预测

一家零售企业使用财务分析来预测未来的销售和现金流。该企业分析了历史销售数据、季节性趋势和市场因素，以制定预算和计划。

3. 投资决策

一家投资企业使用财务分析来评估潜在的投资机会。该企业分析了不同项目的预期回报率、风险和投资成本，以决定是否进行投资。

这些案例突出了财务分析如何帮助企业了解其财务状况、降低成本、提高盈利能力，并做出明智的财务决策。通过数据分析，企业能够更好地管理财务资源，降低风险，并实现财务目标。

2.6　Web 分析

2.6.1　Web 分析是什么

Web 分析，也称为网络分析或网站分析，是一种关键的数字营销工具，旨在了解网站或应用的用户行为，以改进用户体验和提高在线业务的成功率。它通过收集和分析与在线访问有关的数据，帮助网站或应用的所有者了解他们的受众如何互动，致使其做出数据驱动的决策。具体而言，Web 分析有助于：

（1）理解用户行为：Web 分析能够跟踪用户在网站或应用中的行为，包括他们访问的页面、停留时间、点击和转化。这有助于企业了解用户的兴趣和偏好。

（2）评估用户体验：通过分析网站或应用的性能和响应时间，企业可以确定是否存在潜在的用户体验问题。这有助于企业改善网站或应用的性能，减少用户流失。

（3）优化内容和设计：Web 分析可以帮助企业确定哪些内容和设计元素比较受欢迎，致使其制定更吸引人的内容战略和界面设计。

（4）提高转化率：通过追踪转化事件，如购物车结账或注册，企业可以确定哪些页面和流程需要改进，以提高转化率。

（5）了解受众来源：Web 分析可以揭示用户从何处来到目标网站或应用，这有助于企业了解哪些营销渠道比较有效。

（6）改进广告效果：如果企业在网站上运行广告，Web 分析可以帮助企业确定广告的点击率、转化率和投资回报率，以便优化广告策略。

2.6.2　Web 分析的指标

Web 分析使用一系列指标来衡量用户活动和网站或应用的绩效。以下是一些常见的 Web 分析指标：

（1）网站流量：网站流量包括网站或应用的总访问次数、独立访客数量、页面浏览量和访问时长。这些指标有助于企业了解受众规模和访问习惯。

（2）转化率：转化率是关键性能指标，通常是指特定行为（如购买、注册、订阅）的完成率。它帮助企业确定用户是否按照预期执行所需的行动。

（3）跳失率：是指用户只查看一个页面就离开网站或应用的百分比。较低的跳失率通常表示用户对网站或应用的兴趣和参与度较高。

（4）平均会话时间：是指用户在网站或应用上的平均停留时间。较长的平均会话时间通常表明用户能更深入地探索内容。

（5）受众来源：受众来源说明了用户来自何处，包括有机搜索、社交媒体、广告点击和直接流量。这有助于企业确定最有效的受众获取渠道。

2.6.3　应用案例

下面是一些实际 Web 分析的应用案例，这些案例展示了如何通过数据分析提高在线业务的成功率。

1.　网站优化

一家电子商务网站使用 Web 分析来优化其网站。该网站分析了用户的浏览习惯，发现许多用户在购物车页面放弃了购物，于是对该页面进行了改进，提高了转化率。

2.　电子商务分析

一家在线零售商使用 Web 分析来了解哪些产品比较受欢迎，哪些广告渠道比较有效，以及用户在购买过程中的行为。这有助于该零售商优化库存、广告策略和购物体验。

3.　内容营销分析

一家博客网站使用 Web 分析来确定哪些文章受欢迎，哪些关键词能吸引比较多的搜索流量，并了解读者的兴趣。这有助于该网站制定更有针对性的内容战略。

这些案例突出了 Web 分析如何帮助企业了解用户行为、优化用户体验、提高转化率和改进在线业务。通过数据驱动的决策，企业可以更好地满足用户需求、提高网站或应用的效率，并获得竞争优势。

本章小结

商业数据分析是当今商业环境中的关键工具，为企业提供了深刻理解问题、优化决策和取得成功的途径。本章详细介绍了该过程的基本步骤，包括理解商业问题、理解及获取数据、准备数据、建立模型、评价模型效果和实施与应用。

首先，理解商业问题的定义至关重要。明确定义的问题陈述、明确的目标和期望以及深入的业务上下文有助于确保分析项目与企业战略一致。然后，理解及获取数据成为关键，包括数据来源、数据类型、数据质量和数据可用性。数据准备环节通过清洗、转换和整合数据，确保数据的可分析性。

其次，建立模型阶段是核心步骤，适当的模型选择、特征选择、模型训练和参数调整都会对结果产生深远影响。评价模型效果通过使用测试数据集进行，选择适当的评估指标，并进行模型比较。

最后，实施与应用步骤将分析结果转化为实际行动，包括决策制定、策略制定以及监测和反馈。这一流程提供了有力的工具，使企业能够更好地理解问题、充分利用数据资源，并在不断变化的商业环境中取得成功。

3 数据科学中的数据

在数据科学领域，数据无疑起着基石般的关键作用。在本章中，我们将深入且系统地剖析数据的多个关键方面，涵盖数据的分类方式、数据的来源渠道，以及在数据处理流程中涉及的各类角色等内容。此外，我们还将引入备受瞩目的"大数据"概念，鉴于其在现代数据科学领域已占据举足轻重的地位，深入理解其背景、来源以及特点对于把握数据科学发展趋势至关重要。

3.1 数据的分类

理解数据的分类是深入认识数据的首要步骤，数据可以依据不同的特征和属性进行归类。在本部分，我们将详细介绍数值数据和非数值数据、结构化数据与非结构化数据，以及数据结构的相关内容，这有助于我们更全面地把握数据的本质特性，为后续的数据处理和分析工作奠定坚实基础。

3.1.1 数值数据与非数值数据

在数据科学范畴内，数据依据其性质和表示形式，可大致划分为数值数据和非数值数据两大类别。这种分类方式对于数据科学家和分析师而言，具有根本性的重要意义，因为它直接决定了数据的处理手段以及在解决实际问题中的应用方式。

1. 数值数据

（1）特性与优势。数值数据以数字形式呈现，其核心特性在于具有可度量性，能够精准量化诸如长度、重量、时间、温度等各类特征，这使其成为进行统计分析和建模的理想选择。它既可以是连续型数据，如温度测量值，也可以是离散型数据，如人口统计数据，并且支持各种数学运算，包括加法、减法、乘法、除法等。这些特性为数据科学家运用丰富多样的统计和分析技术，深入挖掘数据中的潜在信息提供了坚实基础。

（2）应用领域广泛。在数据科学的众多应用场景中，数值数据发挥着关键作用。例如，在回归分析中，我们可以借助数值数据构建模型，预测一个变量如何受其他变量影响；数值数据生成的平均值、中位数、标准差等统计摘要，能够帮助我们清晰把握数据的分布和趋势，这在描述性统计中至关重要；在时间序列分析领域，对于如股票价格走势这类随时间变化的数据，数值数据的时间依赖性分析有助于揭示其内在变化模式。

2. 非数值数据

（1）独特性质与挑战。非数值数据主要以文本、图像、声音、视频等形式存在，通常呈现为非结构化或半结构化状态。非数值数据具有离散性，代表着不同类别、文本字符串或图像像素等；以符号、字符等非数字形式表示，无法直接参与数学运算；类型丰富多样，包括文本、图像、声音、视频、地理信息等，每种类型都需要特定的处理方法。

（2）多样化处理任务。在数据科学领域，处理非数值数据涉及多种复杂任务。针对文本数据，常见任务包括情感分析、主题建模、文本分类等；图像数据处理涵盖图像识别、对象检测、图像分割等；声音和音频处理可应用于语音识别、情感分析、音频信号处理等；多媒体分析则致力于对多种非数值数据类型进行综合分析，如视频内容分析、地理信息系统（GIS）等。

综上所述，数值数据和非数值数据在数据科学中均扮演着不可或缺的角色。充分理解它们各自的特性，以及掌握针对不同类型数据的处理技巧，对于数据科学项目的成功实施具有决定性意义。数据科学家需要依据数据的具体类型以及所面临问题的性质，精准选择恰当的数据处理技术，从而有效地从数据中提炼出有价值的见解和信息。

3.1.2 结构化数据与非结构化数据

在数据科学领域，数据分类不仅可依据其性质（如前文所述的数值数据和非数值数据），还能根据数据的结构特性进行划分。在此，我们将深入探讨结构化数据与非结构化数据，包括它们在数据科学中展现出的不同特点，以及相应的处理和应用方式。

1. 结构化数据

（1）特点鲜明。结构化数据具有明确定义的数据模式，通常以表格、数据库或类似的结构化格式存储，其每行和每列的定义清晰，每列的数据类型明确，并且数据之间存在明确的关系（见表 3-1）。这种规范的结构使得结构化数据在查询、分析和可视化方面具有显著优势，例如，SQL 等查询语言能够方便地对其进行操作。

表 3-1 结构化数据示例

订单编号	客户姓名	订单日期	产品名称	产品类别	数量	单价/元	总价/元
1	张三	2023/1/1	笔记本电脑	电子产品	1	5 000	5 000
2	李四	2023/1/2	连衣裙	服装	2	300	600
3	王五	2023/1/3	篮球	运动器材	3	100	300
4	赵六	2023/1/4	牛奶	食品	5	5	25
5	孙七	2023/1/5	手机	电子产品	1	4 000	4 000

注：每一行代表一个客户的订单记录，具有明确的含义和独立性；每一列都有特定的属性，例如"订单编号"用于唯一标识每个订单；"客户姓名"记录购买客户的姓名；"订单日期"明确订单生成的时间；所有列的数据类型明确，例如"订单编号"是字符串类型，"订单日期"是日期类型，"数量""单价""总价"是数值类型等。

（2）应用广泛。结构化数据的典型示例包括数据库中的各类表格，如客户订单表、员工信息表、财务报表等。在企业和组织的日常运营中，结构化数据无处不在，它广泛应用于销售数据分析、客户关系管理、财务报表分析等多个关键业务领域。

2. 非结构化数据

（1）特性与挑战。与结构化数据形成鲜明对比，非结构化数据缺乏明确固定的模式，主要以自由文本、图像、声音、视频等形式存在。这类数据的多样性极为丰富，涵盖电子邮件、社交媒体帖子（见图 3-1）、图像、音频、视频文件和博客文章等多种形式。每种类型都需要专门的处理技术。其有价值的信息往往隐藏在文本或多媒体内容之中，提取这些信息需要借助自然语言处理（NLP）技术、图像处理技术或音频处理技术等。

"今天去了一家新开的咖啡店☕，环境超棒👍！装修是那种简约风，墙上有很多艺术画🖼，灯光也很柔和✨。点了一杯拿铁，拉花特别精致🐱，味道浓郁醇厚，口感丝滑细腻😋。咖啡豆的香气在口中散开，每一口都让人陶醉☺。强烈推荐给喜欢咖啡的小伙伴们☕！#咖啡店 #拿铁 #美食推荐"

图 3-1　非结构化数据示例

注：这是一篇来自社交媒体平台（假设为微博）的用户帖子，它有以下特点：数据没有预定义的格式或结构，它是一段自由形式的文本，包含了用户对咖啡店的主观感受、描述以及推荐。信息分散在整个文本中，没有像结构化数据那样用明确的列和行来表示不同的属性。

（2）处理与应用场景。处理非结构化数据通常涉及自然语言处理、图像处理、音频处理等前沿领域的技术。例如，在社交媒体分析中，我们需要运用自然语言处理技术对大量的文本帖子进行情感分析和主题提取；在智能图像识别领域，我们可以依靠图像处理技术识别图像中的对象；在声音识别应用中，我们可以利用音频处理技术实现语音识别等任务。非结构化数据在社交媒体分析、智能图像识别、声音识别、医学研究等众多领域发挥着不可或缺的重要作用。

在实际的数据科学项目中，处理这两种类型的数据需要运用截然不同的方法和技术。结构化数据通常需要借助数据库管理系统（DBMS）和 SQL 查询进行存储、检索和分析，并运用统计分析和机器学习算法挖掘其中的模式和趋势；而非结构化数据则需要运用自然语言处理、图像处理、音频处理等领域的专业技术进行处理。随着技术的不断进步，处理非结构化数据的方法日益成熟，这使得数据科学家能够更有效地挖掘这些宝贵信息源中的潜在价值。

3.1.3　数据的结构

数据的结构是指数据内部元素之间的关系以及组织方式，它直接关系到数据的存储、表示和访问效率，在数据科学工作中占据着至关重要的地位。合理的数据结构能确保数据的可用性、可操作性和可分析性，进而影响整个数据科学项目的成败。下面我们将深入探讨数据结构的重要性，以及在处理不同数据结构时可能面临的挑战，并介绍一些常见的数据结构处理技术。

1. 重要性体现

（1）确保数据可用性与可理解性：良好的数据结构如同清晰的地图，能够使数据科学家和分析师迅速定位并理解所需数据，这对于及时获取数据含义、推动项目进展至关重要。

（2）维护数据质量：强制数据遵循特定结构和规则，可有效减少数据中的错误和不一致性，确保数据的准确性和可靠性，为后续分析提供坚实基础。

（3）提升数据分析效率：合适的数据结构犹如优化的高速公路，能够加速数据分析过程。例如，在数据库中巧妙运用索引技术，可大幅提高数据查询速度，减少等待时间，提高工作效率。

（4）助力数据集成：在企业和组织中，数据常分散于多个系统和位置。良好的数据结构恰似通用的桥梁，能够简化数据整合过程，使不同来源的数据能够无缝对接，实现协同分析。

2. 面临的挑战

（1）数据类型多样性挑战：不同类型的数据对存储和处理方式有着截然不同的要求。结构化数据适合存储于关系型数据库，可通过表格形式清晰呈现；而非结构化数据（如文本、图像、音频）则需要专门的存储和处理技术，如文本数据库、图像识别算法、音频处理软件等，这对数据科学家的技术提出了更高的要求。

（2）数据清洗与转换难题：由于数据可能源自多个不同渠道，其质量参差不齐，往往包含缺失值、错误值和不一致的数据。在进行数据分析之前，数据科学家必须进行细致的数据清洗和转换工作，以保证数据的一致性和准确性，这一过程需要耗费大量时间和精力。

（3）数据安全与隐私考量：部分数据结构可能涉及敏感信息，如个人身份信息或财务数据，这些敏感信息一旦泄露可能会引发严重后果。因此，在处理此类数据时，数据科学家必须高度重视数据安全和隐私保护，采取加密、访问控制等严格措施，确保数据不被非法访问和滥用。

（4）大数据带来的新挑战：大数据以其规模庞大、生成速度快、结构复杂等特点，对传统的数据存储和处理方法形成巨大挑战。传统技术难以应对大数据的处理需求，需要采用分布式处理和存储解决方案，如 Hadoop、Spark 等新兴技术，这要求数据科学家不断学习和掌握新的技能。

3.1.4 常见处理技术

（1）关系数据库：关系数据库适用于存储结构化数据，以表格形式组织数据，通过 SQL 进行高效查询和分析，被广泛应用于企业级数据管理和分析场景。

（2）NoSQL 数据库：针对半结构化和非结构化数据设计，NoSQL 数据库包括文档数据库、图数据库等多种类型，能够灵活处理复杂的数据结构，满足不同应用场景的需求。

（3）数据仓库：数据仓库用于集成和存储来自不同数据源的结构化数据，支持复杂查询和分析操作，为企业决策提供全面、准确的数据支持。

（4）分布式存储和计算：Hadoop、Spark 等技术，专为处理大数据而设计，实现数据的分布式存储和计算，能够有效应对大数据的规模和速度挑战，提高数据处理效率。

（5）文本挖掘和自然语言处理：该技术专注于处理文本数据，通过提取信息、识别模式等技术手段，挖掘文本中的潜在价值，在信息检索、情感分析、智能客服等领域发挥重要作用。

（6）图像处理和计算机视觉：该技术用于处理图像和视频数据，实现对象识别、图像分割等任务，在安防监控、自动驾驶、医学影像分析等领域具有广泛应用前景。

（7）音频处理和语音识别：该技术针对音频数据进行处理，实现语音识别、情感分析等功能，在语音助手、智能语音交互、音频内容分析等领域得到越来越多的应用。

综上所述，数据的结构是数据科学工作中的核心要素之一。深入理解不同类型的数据结构，熟练掌握相应的处理方法，是数据科学家的必备技能。数据科学家需要根据具体的数据特点和分析需求，精准选择合适的工具和技术，高效管理和分析各类数据结构，从而从海量数据中提取有价值的信息和提出深刻见解。

3.2 数据的来源

数据的来源渠道丰富多样，深入了解数据的来源是确保数据质量和可用性的关键所在。在本部分，我们将详细探讨外部数据和内部数据这两种主要的数据来源，包括它们的获取方式、清洗过程、整合方法以及在数据科学项目中的重要作用。

3.2.1 外部数据

外部数据在数据科学项目中是一种极为关键的资源，其来源广泛，涵盖互联网、第三方数据提供商、社交媒体、开放数据源以及合作伙伴等多个渠道。这些外部数据能够为内部数据提供有益补充，提供更为全面和深入的信息，但在使用之前，需要经过一系列复杂的步骤，包括获取、清洗和整合，以确保其能够有效支持数据科学项目的成功实施。

1. 获取外部数据的途径与方法

（1）互联网抓取：互联网犹如一个巨大的数据宝库，包含海量的网页文本、图像、视频、社交媒体帖子等信息。数据科学家可以利用网页抓取（Web Scraping）技术，从网站中精准抓取所需数据。然而，在抓取过程中，数据科学家需要遵循法律法规和网站的使用规则，避免侵权行为。

（2）与第三方数据提供商合作：市场上存在众多专业的第三方数据提供商，他们提供涵盖各种行业和主题的数据集。这些提供商通常通过应用程序编程接口（API）向用户提供数据访问服务，用户可以根据自身需求选择合适的数据集进行获取，但可能需要支付一定费用。

（3）社交媒体平台数据获取：社交媒体平台如 X、Meta、微博或者小红书等，为开发者提供了 API，使其能够获取用户生成的丰富数据，包括帖子、评论、用户信息等。这些数据能够反映用户的观点、行为和社交关系，对于市场研究、舆情分析等领域具有重要价值。

（4）开放数据源利用：许多政府机构、学术机构和非营利组织会发布开放数据，这些数据可以免费或付费获取。例如，政府机构提供的地理信息、经济数据、气象数据等，对于相关领域的研究和决策具有重要参考意义。

（5）合作伙伴数据共享：在某些情况下，组织之间可以通过合作方式共享数据。例如，企业与其供应链上下游伙伴共享数据，包括供应链数据、客户数据等，以实现协同优化和互利共赢。

2. 清洗和整合外部数据的关键步骤

（1）数据清洗：外部数据往往存在各种质量问题，如缺失值、重复项、错误数据等，需要进行全面清洗。数据清洗可以去除无效数据，提高数据的准确性和一致性，为后续分析奠定坚实基础。

（2）数据转换：为了使外部数据与内部数据格式相匹配，数据科学家可能需要进行数据类型转换、单位转换等操作。例如，将日期格式统一，将不同单位的数据转换为相同单位，确保数据能够在同一框架下进行有效整合和分析。

（3）数据合并：将经过清洗和转换的外部数据与内部数据进行合并，数据科学家通常需要依据一个共同的关键（如客户 ID）来建立数据之间的连接关系，从而创建一个完整的数据集，实现数据的全面整合。

（4）数据标准化：数据科学家需确保外部数据与内部数据遵循相同的标准和约定，例如数据的编码方式、分类标准等，以便进行准确的比较和分析。

（5）验证数据源：数据科学家需验证外部数据的来源和可靠性，以确保数据的真实性和合法性。数据科学家可以通过检查数据提供者的信誉、数据采集方法的合理性以及与其他可靠数据源进行对比等方式来验证数据源。

一旦外部数据经过获取、清洗和整合等一系列处理过程，就可以在数据科学项目中被用于各种任务，如数据分析、建模、预测等。外部数据的合理使用能够显著丰富数据科学项目的见解，但同时数据科学家需要谨慎处理和维护外部数据，以确保数据的准确性和可靠性，避免因数据质量问题导致分析结果出现偏差。

3.2.2　内部数据

内部数据是组织在自身运营过程中产生的数据，包括客户交易记录、员工信息、销售数据、日志文件、生产指标、财务报表等丰富内容。这些数据对于组织内部的运营管理和业务决策具有至关重要的作用，是组织的宝贵资产之一。下面我们将深入探讨如何有效地管理和利用内部数据，以满足组织的各种业务需求，提升组织的竞争力和运营效率。

1. 内部数据的重要性体现

（1）业务运营优化：内部数据能够实时跟踪业务运营的各个环节，如库存管理中的库存水平、销售趋势的变化、生产效率的高低等。通过对这些数据的深入分析，组织可以及时发现运营过程中的问题和瓶颈，采取针对性措施优化业务流程，提高整体运营效率。例如，组织根据销售数据调整库存策略，以避免积压或缺货现象。

（2）客户关系管理强化：客户数据、销售记录和市场活动信息等内部数据为组织提供了深入了解客户需求、行为和偏好的窗口。组织可以基于这些数据进行客户细分，实施精准营销和个性化服务，提高客户满意度和忠诚度，增强市场竞争力。例如，组织可根据客户购买历史向客户推荐符合其兴趣的产品。

（3）财务管理支持：内部数据中的财务报表、成本数据和利润记录等是组织进行财务规划和决策的重要依据。通过对财务数据的分析，组织可以评估盈利能力、控制成本、制定预算和进行投资决策，确保财务状况的健康稳定。

（4）人力资源管理提升：员工信息、薪酬数据和培训记录等内部数据在人力资源管理中发挥着关键作用。组织可以利用这些数据进行绩效评估、员工培训与发展规划、薪酬体系优化等工作，提高员工工作积极性和绩效水平，促进组织人才队伍建设。

（5）风险管理保障：内部数据可以用于监测各类风险因素，如供应链风险（供应商交货延迟、原材料价格波动等）、法规合规性风险（是否符合行业标准和法律法规要求）等。通过及时识别和评估风险，组织可以采取有效措施降低潜在风险带来的损失，保障组织的可持续发展。

2. 管理内部数据的关键举措

（1）数据采集的全面与准确：组织需确保能够及时、准确地从各种数据源中采集内部数据。这些数据源可能包括数据库、传感器、日志文件等。采用可靠的数据采集技术和工具、建立完善的数据采集流程，能保证数据的完整性和可靠性。例如，在生产线上安装传感器能实时采集生产数据，确保数据的及时性。

（2）数据存储的高效与安全：组织需建立适合组织需求的数据仓库或数据库来存储数据。存储系统应具备良好的性能、可扩展性和安全性。根据数据的重要性和访问频率，组织合理设计数据存储结构，采用数据备份和恢复策略，防止数据丢失。同时，组织实施严格的数据访问控制机制，确保数据的安全性，防止数据泄露和非法访问。

（3）数据清洗和预处理的精细操作：内部数据经常存在各种质量问题，如数据缺失、错误、重复等，需要进行细致的数据清洗、转换和整合工作。组织通过数据清洗去除无效数据，通过数据转换统一不同格式和类型的数据，通过提取、转换、加载过程（ETL）将分散的数据整合到数据仓库中，确保数据的质量和一致性，为后续分析与决策提供可靠的数据基础。

（4）数据安全的严格保障：确保内部数据的安全和隐私是管理内部数据的重中之重。组织应采用多种数据安全技术，如数据加密（对敏感数据进行加密存储和传输）、访问控制（设置用户权限，限制对数据的访问级别）和监控（实时监测数据访问和操作情况）等，确保数据不被未经授权的人员访问、篡改或泄露。

（5）数据文档的清晰记录：数据的元数据信息，包括数据源、数据定义、数据字典等被记录，以便团队成员清晰了解数据的含义、来源和用途。良好的数据文档有助于提高数据的可理解性和可维护性，促进团队成员之间的数据共享和协作，避免因数据理解不一致而出现问题。

3. 利用内部数据的有效方式

（1）数据分析挖掘价值：内部数据是数据科学项目的重要基础，通过运用数据分析技术，如统计分析、数据挖掘等，组织可以从大量内部数据中发现潜在的趋势、关联性和模式，为其提供有价值的见解。例如，通过分析销售数据，组织发现产品销售的季节性规律。

（2）预测和建模指导决策：组织利用内部数据构建预测模型，如销售预测模型、客户流失预测模型等，帮助其提前规划和决策。预测模型可以根据历史数据和相关因素预测未来业务发展趋势，为组织制定战略计划、资源分配和市场营销策略提供科学依据。

（3）决策支持提供信息依据：组织对内部数据的深入分析，可以为管理和战略决策提供全面、准确的信息支持。数据分析生成的报告和可视化图表能够直观展示组织的运营状况、市场态势等关键信息，帮助管理层做出明智的决策，提高决策的科学性和准确性。

（4）监控和报告跟踪绩效表现：内部数据可用于监控关键绩效指标，如销售额、利润率、客户满意度等，定期生成报告和仪表板，直观呈现组织的业务绩效。通过实时跟踪绩效表现，组织可以及时发现问题并采取纠正措施，确保业务目标的实现。

（5）持续改进推动业务发展：通过对内部数据的深入分析，组织可以识别业务流程中潜在的改进机会，如优化生产流程、降低成本、提高产品质量等。持续改进有助于组织不断提升自身竞争力，适应市场变化，实现可持续发展。

内部数据在组织内部的各个层面和业务环节都具有广泛而深入的应用。组织从日常业务运营到长期战略规划，都离不开内部数据的支持。有效地管理和利用内部数据能够显著提高组织的竞争力和决策效能，使组织能够更加敏锐地响应市场变化，不断创新和发展。

3.3 谁来处理数据

数据处理工作需要多个不同专业角色的协同合作，每个角色在数据科学团队中都发挥着不可或缺的重要作用。在本部分，我们将详细介绍数据架构师、数据工程师和数据管理员这三个关键角色，包括他们各自的职责和所需具备的技能，以帮助读者更好地理解数据处理流程中的人员分工和协作机制。

3.3.1 数据架构师

数据架构师是数据科学和数据工程领域的核心角色之一，他们承担着设计、规划和管理整个数据系统架构的重任，其工作成果直接关系到数据系统的可扩展性、可维护性和性能表现。以下是对数据架构师职责和技能的详细阐述：

1. 职责范围广泛且关键

（1）整体架构设计主导：数据架构师需负责设计数据系统的整体架构，包含精心规划数据存储、数据处理和数据传输的组织结构；确保架构设计能够满足组织当前和未来的数据需求，具备良好的扩展性和灵活性，以适应不断变化的数据环境。

（2）需求分析与业务对接：数据架构师需与业务部门紧密合作，深入了解它们的业务流程和数据需求。通过与业务人员的沟通协作，数据架构师能准确把握业务目标，将业务需求转化为数据架构设计的具体要求，确保数据架构与业务目标紧密契合，为业务发展提供有力支持。

（3）技术选型决策：数据架构师需根据项目需求和数据特点，选择最适合的数据存储技术（如关系型数据库、NoSQL 数据库等）、数据处理工具（如 Hadoop、Spark 等）和数据传输机制（如消息队列等）。技术选型需要综合考虑性能、成本、可扩展性、易用性等多方面因素，确保所选技术能够高效处理数据，满足业务需求。

（4）性能优化保障：数据架构师需关注数据系统的性能表现，采取各种优化措施确保系统达到预期的性能水平。这包括优化查询性能（如创建合适的索引、优化查询语句等）、提高数据传输速度（如优化网络配置、采用高效的数据传输协议等），以及优化数据存储结构（如合理分区、数据压缩等），以提升整个数据系统的运行效率。

（5）数据集成推动：数据架构师需协助将内部数据和外部数据无缝集成到组织的数据架构中，制定数据集成策略，解决数据格式不兼容、数据源异构等问题，确保不同来源的数据能够在数据架构中顺畅流动和整合，实现数据的互联互通和共享。

（6）安全体系构建与维护：数据架构师需高度重视数据安全，负责构建完善的数据安全体系，包括设置严格的访问控制机制（如用户权限管理、角色授权等）、实施数据加密技术（对敏感数据进行加密存储和传输），确保数据在存储、处理和传输过程中的安全性，同时确保数据处理活动符合相关法律法规和行业标准的要求。

（7）架构可扩展性规划：数据架构师需具备前瞻性眼光，设计的数据架构能够支持未来的数据增长和业务拓展。考虑到业务发展可能带来的数据量增加、业务需求变化等因素，数据架构师需预留足够的扩展空间，使系统能够轻松应对未来的挑战，避免频繁的架构重构。

2. 技能要求全面且深入

（1）精通数据库管理：数据架构师需熟悉各种数据库管理系统，包括关系型数据库（如 MySQL、Oracle 等）和 NoSQL 数据库（如 MongoDB、Cassandra 等）；能够深入理解数据库的原理、架构和性能优化方法，根据数据特点和应用场景选择合适的数据库，并进行高效的数据库设计、部署和管理。

（2）数据建模专业：数据架构师需掌握数据建模技术，包括关系模型、维度建模和模式设计等；能够运用数据建模工具，根据业务需求，创建准确、高效的数据模型，确保数据结构合理，数据关系清晰，为数据存储、处理和分析提供良好的基础。

（3）了解云计算技术：数据架构师需熟悉云计算平台，如 AWS、Azure、Google Cloud 等，了解云计算的基本概念、服务模式（IaaS、PaaS、SaaS）和部署模型；能够利用云计算平台的优势，构建弹性、可扩展的数据架构，降低数据系统的建设和运维成本。

（4）深入理解数据治理理念：数据架构师需理解数据治理原则，包括数据质量、元数据管理和数据合规性等方面；能够制定和实施数据治理策略，建立数据标准和规范，确保数据的一致性、准确性和完整性，提高数据管理水平。

（5）编程技能扎实：数据架构师需具备一定的编程技能，如 Python、Java 或 Scala 等，能够编写自动化脚本和程序，实现数据流程的自动化处理、数据集成和系统监控等任务，提高工作效率和数据处理的准确性。

（6）团队合作能力卓越：数据架构师需善于与数据科学家、数据工程师和其他团队成员沟通协作，能够理解并满足不同角色的需求，共同推动数据科学项目的顺利进行；具备良好的沟通能力、协调能力和项目管理能力，确保数据架构设计能够在团队中得到有效实施。

3.3.2 数据工程师

数据工程师是数据科学项目中不可或缺的关键角色，他们专注于数据的 ETL 工作，确保数据能够以合适的格式和质量供分析和建模使用。以下是数据工程师的主要职责和必备技能：

1. 职责聚焦数据处理流程

（1）ETL 流程构建与维护：数据工程师需设计、开发和维护 ETL 流程，从多个数据源（如数据库、文件系统、API 等）中提取数据，对数据进行清洗（去除噪声、处理缺失值等）和转换（如数据格式转换、数据标准化等），最后将处理后的数据加载到数据仓库或数据库中，确保 ETL 流程的高效性、稳定性和可靠性，以满足数据处理的时效性要求。

（2）数据转换规则实施：数据工程师需根据业务需求和数据特点，制定并实施数据转换规则，确保不同数据源的数据能够在目标数据存储中保持一致性和准确性。例如，将不同格式的日期数据统一转换为特定格式，对数值进行归一化处理等。

（3）数据集成协作：数据工程师需协助将内部数据和外部数据整合到数据仓库中，与数据架构师密切合作，理解数据架构设计，确保数据集成过程符合整体架构要求；解决数据集成过程中出现的各种技术问题，如数据冲突、数据重复等，保证数据的完整性和准确性。

（4）性能优化提升处理效率：数据工程师需持续优化 ETL 流程，提高数据处理速度和效率；通过采用合适的技术和工具（如并行处理、缓存技术等），减少数据处理时间，提高系统的吞吐量；同时，对数据存储和查询进行优化，提升数据访问性能。

（5）数据质量监控与改进：数据工程师需负责监控数据质量，建立数据质量监控指标和告警机制，及时发现数据中的异常情况（如数据缺失率过高、数据分布异常等）；采取相应措施进行数据清洗、错误处理和异常值检测，确保数据质量符合分析和建模要求，为数据科学项目提供可靠的数据基础。

（6）自动化流程实现高效运作：数据工程师需运用编程和自动化工具，实现数据流程的自动化处理。例如，数据工程师需定时调度 ETL 任务，使其自动执行数据采集、转换和加载操作，减少人工干预，提高数据处理的一致性和效率，降低人为错误风险。

2. 技能要求适配工作需求

（1）ETL 工具熟练运用：数据工程师需熟悉各种 ETL 工具，如 Apache NiFi、Talend、Apache Spark 等。了解这些工具的功能特点和适用场景，能够根据项目需求选择合适的工具进行 ETL 流程开发。熟练掌握工具的操作和配置，能够高效地实现数据的 ETL 任务。

（2）编程能力扎实多样：数据工程师需具备较强的编程技能，熟练掌握 Python、Java、Scala 等编程语言；能够通过编程实现复杂的数据处理逻辑，编写自定义的 ETL 脚本和函数，处理各种数据格式和数据转换需求；同时，能够让数据与其他系统的数据进行集成，实现数据的交互和共享。

（3）数据库知识全面深入：数据工程师需熟悉数据库管理系统，包括 SQL 和 NoSQL 数据库。掌握 SQL，能够进行数据查询、数据更新、数据定义等操作，对数据库的性能优化有一定了解。对于 NoSQL 数据库，了解其数据模型和应用场景，能够根据数据特点选择合适的 NoSQL 数据库进行存储和处理。

（4）数据建模原理理解运用：数据工程师需了解数据建模原则，能够理解和运用数据模型（如星形模型、雪花模型等）进行数据仓库和数据湖的设计；根据业务需求和数据关系，构建合理的数据模型，优化数据存储结构，提高数据查询和分析效率。

（5）数据仓库技术掌握精通：数据工程师需熟悉数据仓库设计和管理技术，包括维度建模、OLAP 技术等；能够设计高效的数据仓库架构，实现数据的集中存储和管理，支持复杂的查询和分析操作；了解数据仓库的分层架构和数据集市概念，能够根据业务需求进行合理的架构设计和数据组织。

（6）云计算平台熟悉运用：数据工程师需熟悉云计算平台，如 AWS、Azure、Google Cloud 等，了解云服务在数据工程中的应用；能够利用云计算平台的资源（如计算资源、存储资源等）构建和部署数据处理系统，实现弹性扩展和成本优化，例如，使用云存储服务存储数据，利用云计算服务运行 ETL 任务。

3.3.3　数据管理员

数据管理员在数据管理体系中扮演着至关重要的角色，负责管理和维护数据的安全性、合规性和质量，确保数据能够被正确、高效地使用。以下是数据管理员的主要职责和所需技能：

1. 职责围绕数据管理核心

（1）保障数据安全：数据管理员需负责确保数据受到妥善保护，建立严格的数据访问控制机制，包括用户身份验证、授权管理等，确保只有授权用户能够访问特定数据；实施数据加密技术，对敏感数据进行加密存储和传输，防止数据泄露；同时，关注数据安全风险，制定相应的风险管理策略，应对潜在的安全威胁。

（2）遵循与维护合规性：数据管理员需确保数据处理活动符合相关法律法规和行业标准，如通用数据保护条例（General Data Protection Regulation，GDPR）、健康保险流通与责任法案（Health Insurance Portability and Accountability Act，HIPAA）等；跟踪法规政策变化，及时调整数据管理策略和流程，确保组织的数据处理行为合法合规；建立数据合规审计机制，定期对数据处理活动进行审计，发现并纠正不合规行为。

（3）制定执行数据备份与恢复策略：数据管理员需设置合理的数据备份和恢复策略，定期对数据进行备份，确保数据在发生丢失或灾难性故障时能够及时恢复；选择合适的备份技术和存储介质，制订备份计划和恢复流程，进行定期的数据恢复测试，保证备份数据的可用性和完整性。

（4）监测与维护数据质量：数据管理员需持续监测数据质量，建立数据质量监测指标体系，如数据准确性、完整性、一致性等指标；通过数据清洗、错误处理和异常值检测等手段，及时发现并解决数据质量问题；与数据工程师和数据科学家协作，共同改进数据质量，为数据分析和决策提供可靠的数据基础。

（5）管理数据文档：数据管理员需记录数据的元数据信息，包括数据来源、数据定义、数据字典等详细内容；建立数据文档管理系统，方便团队成员查询和使用数据文档，确保数据的含义和用途清晰明确。数据文档管理有助于提高数据的可理解性和可维护性，促进数据共享和协作。

（6）管理维护数据访问权限：数据管理员需管理和维护数据的访问权限，根据用户角色和业务需求，合理分配数据访问权限；定期审查和更新用户权限，确保权限分配的合理性和安全性；同时，建立权限申请和审批流程，规范用户获取数据访问权限的过程。

2. 技能要求与管理职责相匹配

（1）精通数据安全技术：数据管理员需了解数据安全原则和技术，如身份验证（密码策略、多因素认证等）、授权（基于角色的访问控制、访问控制列表等）、数据加密（对称加密、非对称加密算法等）等；能够实施有效的数据安全措施，保护数据免受非法访问和泄露。

（2）熟悉掌握合规标准：数据管理员需熟悉相关法规和行业标准，如 GDPR、HIPAA 等，理解法律法规要求对数据处理的影响；能够解读法律法规条款，将合规要求融入数据管理流程和政策中，确保组织的数据处理活动符合法律规定。

（3）具备数据库管理技能：数据管理员需熟悉数据库管理系统，包括 SQL 和 NoSQL数据库；了解数据库的基本操作（如数据查询、插入、更新、删除等）和管理功能（如用户管理、权限管理、数据备份等），能够协助数据库管理员进行数据库的日常维护和管理工作。

（4）熟悉运用备份恢复策略：数据管理员需了解数据备份和恢复策略，熟悉常用的备份技术（如全量备份、增量备份等）和恢复方法；能够根据数据的重要性和业务需求，制订合理的备份计划，选择合适的备份工具，确保数据备份的及时性和有效性。

（5）熟练运用数据质量工具：数据管理员需熟悉数据质量工具，如数据清洗工具、数据质量监测工具等；能够运用这些工具进行数据质量评估、问题检测和数据清洗工作，提高数据质量监测和改进的效率。

（6）访问控制管理能力强：数据管理员需具备较强的访问控制管理能力，能够设计和实施合理的访问控制策略，管理用户权限；熟悉权限管理系统和工具，能够根据组织架构和业务流程变化，及时调整用户权限，确保数据访问的安全性和合理性。

数据管理员在维护数据的质量、安全性和合规性方面发挥着不可替代的作用。他们的工作确保了数据能够被有效地用于分析、建模和决策，同时保障组织在数据处理过程中遵循法律法规和行业标准，降低数据风险，促进数据价值的实现。

3.4 大数据的概念

在当今数字化时代，"大数据"已成为一个无法忽视的重要概念，它涉及处理大规模、高速度、多样性和复杂性的数据集。在本部分，我们将深入探讨大数据时代的背景、大数据的来源以及大数据的特点，帮助读者全面理解大数据对数据科学的深远影响和重要意义。

3.4.1 大数据时代的背景

随着科技的迅猛发展，全球范围内的数据量呈现出爆炸式增长，我们已经步入了大数据时代。这一时代的到来是多种因素共同作用的结果，深刻地改变了我们的生活和社会经济的各个方面。

（1）技术进步推动计算能力飞跃：过去 20 多年（2003 年以来）见证了计算技术的巨大进步，这为大数据的处理和存储提供了坚实的物质基础。正如摩尔定律所预测的那样，处理器速度持续加快，存储容量不断增大，计算能力呈指数级提升。如今，我们能够轻松处理过去难以想象的海量数据，这使得大数据分析成为可能，也为数据密集型应用的发展创造了条件。例如，超级计算机的运算速度不断刷新纪录，其能够在短时间内完成极其复杂的计算任务，为气象预测、基因测序等领域的大数据处理提供了强大的支持。

（2）数字化趋势变革商业与社会活动：数字化浪潮席卷了各个领域，从日常的电子邮件通信到电子商务交易，从社交媒体互动到企业的数字化运营，越来越多的信息和业务活动以数字形式记录与存储。这种数字化转型导致数据产生量急剧增加，数据成为企业和社会运行的重要资产。例如，在线购物平台记录了海量的用户购买行为数据，这些数据不仅可以用于订单处理，还成为企业分析消费者偏好、优化产品推荐和制定营销策略的重要依据。

（3）互联网普及促进数据流动与共享：互联网的普及打破了地域限制，实现了全球范围内数据的无缝连接和实时流动。人们可以随时随地获取和分享信息，这使得数据的传播速度和范围达到了前所未有的程度。企业能够利用互联网收集来自全球各地用户的数据，挖掘潜在市场机会，开展跨国业务合作。同时，互联网也催生了众多新兴的商业模式和服务，如在线教育、远程办公、云计算服务等，这些应用进一步推动了数据的产生和交换。

（4）智能设备广泛应用产生海量移动数据：智能手机、智能手表、物联网设备等智能终端的普及，使得人们的生活和行为数据能够被实时采集和传输。这些设备不仅记录了用户的位置信息、运动轨迹，还收集了大量与应用使用、社交互动相关的数据。例如，移动应用通过收集用户的位置数据和使用习惯，为用户提供个性化的服务推荐；智能家居设备可以监测家庭环境数据，实现智能化的家居控制。这些移动数据为企业提供了深入了解消费者行为和需求的新视角，也为城市规划、交通管理等领域带来了新的工作方案。

（5）社交媒体崛起丰富数据来源与洞察：社交媒体平台的蓬勃发展使人们成为数据的主要创造者之一。用户在平台上发布的文本、图片、视频等内容，以及与其他用户的互动信息，构成了海量的社交媒体数据。这些数据蕴含着丰富的个人情感、观点、社交关系和社会趋势等信息，成为市场研究、舆情监测、品牌推广等领域的重要数据来源。例如，企业可以通过分析社交媒体上的用户评论和反馈，及时了解产品口碑，调整产品策略；政府部门可以利用社交媒体数据监测社会舆情，把握公众关切，制定相应政策。

3.4.2　大数据的来源

在当今信息时代，大数据已成为众多组织和企业的核心资产，其来源广泛且多样。这些数据主要源于机器设备、人以及组织三个方面，每种来源都具有其特点与挑战，对于有效收集、存储和分析这些数据，深入了解其特性至关重要。

1. 机器设备产生的数据及其特点与挑战

（1）工业传感器数据：在现代制造业中，大量的机器和设备配备了各种传感器，用于实时监测生产过程的各个参数，如温度、湿度、压力、振动、电流等。这些传感器源源不断地生成海量数据，这些数据对于生产监控、质量控制和设备维护具有至关重要的意义。例如，汽车制造企业利用生产线上的传感器数据，实时监控每一辆汽车的组装过程，确保每个零部件的安装精度和整体质量符合标准，一旦发现异常，立即进行调整和修复，从而提高产品质量和生产效率。

（2）交通系统数据：城市交通系统中的传感器和监控设备广泛分布，用于跟踪交通流量、车辆位置和路况信息。这些设备产生的数据包括车辆速度、交通信号状态、事故报告等，为城市交通管理提供了关键依据。交通管理部门通过分析这些数据，可以优化交通信号配时，合理规划道路建设，及时疏导拥堵，提高道路通行能力，减少交通事故的发生，提升城市交通运行的整体效率。

（3）互联网设备数据：智能手机、智能家居设备、智能手表等互联网连接设备的普及，产生了大量与用户相关的数据。这些数据涵盖位置信息、应用使用情况、社交媒体活动等多个方面，为企业提供了丰富的用户画像信息。电子商务企业利用用户的浏览历史和购物行为数据，实现个性化推荐，提高用户购买转化率；互联网服务提供商则根据用户设备数据优化网络服务，提升用户体验。

（4）农业传感器数据：在农业领域，农业设备如拖拉机、收割机和灌溉系统也广泛配备了传感器。这些传感器监测土壤湿度、气象条件和农作物生长情况等数据，帮助农民实现精准农业管理。农民可以根据土壤传感器数据，精确掌握土壤水分含量，合理安排灌溉时间和水量，避免水资源浪费，同时确保农作物获得充足的水分，提高农作物产量和质量。

特点与挑战：机器设备产生的数据通常具有数量庞大、产生速度快和结构化程度高的特点。其海量的数据量对存储系统提出了极高的要求，传统的数据库技术往往难以应对如此大规模的数据存储需求。同时，数据的快速产生需要实时处理能力，以确保信息的时效性，否则可能导致决策滞后。不过，结构化的数据格式相对便于存储和处理，为数据分析提供了一定的便利。

2．人产生的数据及其特点与挑战

（1）社交媒体帖子：社交媒体平台上的用户生成了大量的文本信息，包括状态更新、推文、帖子和评论等。这些文本数据反映了用户的个人见解、观点、情感以及社交互动情况，成为情感分析、社交趋势研究和广告定向投放的重要素材。例如，企业可以通过分析社交媒体上用户对其产品的评价，了解用户满意度和改进方向；广告商则根据用户的兴趣和行为特征，精准推送相关广告，提高广告效果。

（2）数字照片：数码相机和智能手机的广泛使用使得图像数据的产生量呈爆发式增长。这些图像涵盖了照片、插图、绘画等多种形式，可用于图像识别、图像分析和图像处理等。例如，在安防监控领域，图像识别技术可以自动识别监控画面中的人物和物体，提高安防效率；在电商平台，图像分析技术可以帮助用户通过上传图片搜索相似商品，提升购物体验。

（3）音频录音：人们使用录音设备、手机和音频应用录制的音频数据，如语音备忘录、播客、音乐和会议记录等，具有广泛的应用价值。语音识别技术可以将音频中的语音转换为文字，方便信息记录和检索；音乐推荐系统则根据用户的音乐收听习惯，推荐符合其口味的音乐作品；音频分析技术可以用于检测声音中的异常情况，如设备故障预警等。

（4）视频内容：视频作为一种多媒体数据形式，包括电影、电视节目和社交媒体直播等，包含了丰富的视觉和听觉信息。视频分析技术可以对视频内容进行识别、分类和理解，在视频监控、内容推荐、在线教育等领域发挥重要作用。例如，视频平台根据用户的观看历史和偏好，推荐个性化的视频内容；在安防领域，视频监控系统可以实时分析视频画面，检测异常行为并及时报警。

（5）电子邮件通信：电子邮件不仅包含文本内容，还常常附带文件、图片和音频等附件，是一种常见的通信方式。电子邮件数据可用于邮件分类、垃圾邮件检测和电子邮件搜索等任务。企业可以利用邮件分类技术自动将邮件分配到相应的文件夹中，提高邮件管理效率；垃圾邮件检测技术则可以过滤掉大量的垃圾邮件，保护用户邮箱安全。

（6）博客文章：博客平台上的文章和评论构成了丰富的文本数据资源。这些数据可用于博客分析、主题建模和写作风格识别等领域。例如，内容创作者可以通过分析热门博客文章的主题和风格，了解读者喜好，优化自己的创作内容；学术研究人员可以利用博客数据研究社会舆论和文化现象。

（7）社交媒体直播：社交媒体平台上的直播流融合了视频和音频内容，实时性强。这些数据可用于实时直播事件报道、社交互动增强和内容分享传播。例如，网红通过直播与粉丝实时互动，增加粉丝黏性；新闻媒体利用直播报道突发事件，让观众第一时间了解现场情况。

特点与挑战：人产生的数据具有类型多样、多媒体性质和非结构化的显著特点。其涵盖了多种媒体类型和丰富内容，这使得数据的复杂性大大增加。非结构化的数据形式使其难以直接被传统数据库和分析工具处理，需要运用高级的文本分析、图像处理和音频识别等技术进行预处理与分析。此外，大量的多媒体数据对存储容量提出了很高的要求，同时增加了存储管理的复杂性。

3. 组织（企业或者政府部门）产生的数据及其特点与挑战

（1）销售数据：组织记录的销售活动数据，包括销售额、销售渠道、产品销售情况以及客户购买历史等，是企业了解市场需求和销售业绩的关键依据。通过对销售数据的分析，企业可以发现销售趋势、评估产品竞争力、优化销售策略。例如，企业通过调整产品定价、拓展销售渠道、开展促销活动等，以提高销售额和市场份额。

（2）财务数据：财务数据如收入、支出、利润和损失报表、资产负债表等，反映了组织的财务状况和经营成果。企业利用财务分析技术，对这些数据进行深入剖析，评估自身盈利能力、偿债能力和运营效率，为财务决策提供支持，如制定预算、进行投资决策、优化成本结构等，确保企业财务健康稳定。

（3）客户信息：客户数据库中维护的客户姓名、联系信息、购买历史和客户偏好等数据，对于客户关系管理至关重要。企业通过分析客户信息，实现客户细分，针对不同客户群体提供个性化的服务和营销活动，提高客户满意度和忠诚度，促进客户重复购买和口碑传播。

（4）供应链数据：组织记录的供应链活动数据，包括供应商信息、库存管理、物流和交付计划等，有助于优化供应链流程。企业可以通过分析供应链数据，降低库存成本，提高供应链效率，确保原材料供应的及时性和稳定性，增强企业的整体竞争力。

（5）员工数据：员工信息如个人资料、工资、员工培训记录和绩效评估等数据，在人力资源管理中发挥着重要作用。企业利用这些数据进行人才选拔、培训与发展规划、薪酬体系设计和绩效激励，提高员工工作积极性和绩效水平，打造高效的员工团队。

（6）库存数据：库存记录中的库存水平、产品库存量单位（SKU）、库存周转率等数据，对于库存管理和订单处理至关重要。企业通过实时监控库存数据，合理安排采购计划，优化库存结构，减少库存积压或缺货现象，提高资金使用效率。

（7）生产数据：制造和生产型组织生成的生产数据，包括生产线效率、生产成本、产品质量数据等，是生产优化和质量控制的重要依据。企业通过分析生产数据，找出生产过程中的瓶颈和问题，采取改进措施提高生产效率、降低成本、提升产品质量。

（8）网站分析数据：在线业务产生的网站分析数据，如网站访问量、页面浏览次数、用户行为等，为网站性能优化和用户体验改进提供了关键信息。企业通过分析这些数据，了解用户在网站上的行为路径，优化网站页面布局、内容推荐和功能设计，提高网站的吸引力和用户黏性。

特点与挑战：组织产生的数据通常为结构化数据，以表格和数据库的形式存储，便于查询和分析。然而，在许多组织中，数据往往分散在不同的部门和系统中，形成了所谓的"数据孤岛"。这使得数据整合变得极为复杂，需要投入大量的时间和精力。此外，数据质量也是一个重要问题，不准确或不一致的数据可能导致错误的决策，因此数据清洗和质量控制至关重要。

3.4.3　大数据的特点

大数据的特点可以用五个"V"来概括，即 Volume（数量）、Velocity（速度）、Variety（多样性）、Veracity（真实性）和 Valence（关联性）。这些特点相互交织，共同构成了大数据的独特性质，既带来了前所未有的机遇，也带来了巨大的挑战。

1.　Volume（数量）

大数据的首要特点是具有惊人的数量规模。现代社会中，数据的产生呈指数级增长，远远超出了传统数据存储和处理系统的承载能力。例如，在 2022 年，Meta 的用户平均每分钟发布 170 万条内容①，YouTube 用户每分钟上传超过 500 小时的视频②，这些海量的数据源源不断地涌入数据海洋。全球各地的传感器每秒产生数百万条数据，互联网上的网页数量、电子商务交易记录、社交媒体互动信息等都在以惊人的速度增长，数据量的庞大程度令人难以想象。

2.　Velocity（速度）

数据以前所未有的速度生成和传输。在金融领域，股票交易数据需要在毫秒级甚至

---

① DOMO. Data Never Sleeps 10.0 [EB/OL]. [2025-04-21]. https://www.domo.com/data-never-sleeps.

② 2. CECI L. Hours of video uploaded to YouTube every minute 2007—2022 [EB/OL]. (2024-07-11)[2025-04-21]. https://www.statista.com/statistics/259477/hours-of-video-uploaded-to-youtube-every-minute/.

微秒级的时间内进行处理和响应，以支持实时交易决策；社交媒体平台上，每秒都有大量的帖子、点赞、评论等信息产生，要求系统能够即时处理和推送；移动设备产生的数据，如位置信息、传感器数据等，需要实时传输和分析，以提供及时的服务和反馈。这种高速的数据流动对数据处理系统的实时性和响应速度提出了极高的要求。

3. Variety（多样性）

大数据涵盖了多种不同类型的数据，包括文本、图像、音频、视频、传感器数据等。这些数据可以是结构化的（如数据库中的表格数据）、半结构化的（如 XML 文件、日志数据）和非结构化的（如自由文本、图像、视频）。例如，互联网上的多媒体数据丰富多彩；医疗记录包含结构化的患者信息和非结构化的病历描述；社交媒体评论则是典型的非结构化文本数据；传感器生成的数据格式也各不相同。这种多样性增加了数据处理和分析的复杂性，需要不同的技术和工具来处理不同类型的数据。

4. Veracity（真实性）

大数据中的数据真实性和可信度存在差异。由于数据来源广泛，数据可能包含错误、不准确或有争议的信息。例如，健康保险索赔数据可能因人为错误或欺诈行为而包含错误的医疗信息；社交媒体上的虚假新闻和谣言可能误导公众舆论。在进行数据分析和决策时，我们必须对数据的真实性进行评估和验证，确保基于可靠的数据做出正确的判断，否则可能会导致严重的后果。

5. Valence（关联性）

关联度表示数据中已连接的数据项数量与所有可能连接数的比例，用于度量数据集中元素之间的相互关联程度。在社交网络分析中，关联度可以衡量社交网络中的连接性，例如一个用户的好友数量与他们所有可能建立的社交连接之比。较高的关联度意味着数据集中的元素之间存在较强的联系，这有助于发现数据中的潜在模式和关系，如用户行为的相关性、事件之间的因果关系等，但也增加了数据分析的难度，需要更复杂的算法和模型来挖掘和理解这些关联。

综合来看，大数据的这些特点为各个领域带来了巨大的机会。在商业领域，企业可以利用大数据更好地了解消费者需求，优化产品和服务，制定精准的营销策略，提高市场竞争力；在科学研究中，大数据有助于加速科研进程，发现新的规律和知识，如天文学中对海量天体观测数据的分析，生物学中对基因序列数据的研究等；在医疗保健领域，分析大量的医疗数据，可以实现疾病预测、个性化医疗和医疗资源优化配置等。然而，大数据的处理和分析也面临着诸多挑战，如存储成本高昂、计算资源需求巨大、数据质量难以保证、隐私保护困难等。因此，有效地处理、分析和应用大数据需要综合运用多种技术和方法，包括分布式计算、云计算、数据挖掘、机器学习、人工智能等，同时需要建立完善的数据管理和安全机制，以充分发挥大数据的价值，应对其带来的挑战。

本章小结

通过对数据科学中数据的分类、来源、处理角色以及大数据概念的深入探讨，读者能够更加全面地理解数据在数据科学领域中的重要性和复杂性。这将为后续章节中涉及的数据分析和建模等内容奠定坚实的基础，使读者能够更好地掌握数据科学的核心知识和技能，应对实际工作中面临的各种数据相关问题。

在实际应用中，大数据的这些特点要求企业和组织必须构建高度灵活、可扩展且高效的数据处理架构。例如，采用分布式存储系统（如 Hadoop 分布式文件系统 HDFS）来应对海量数据的存储需求；利用分布式计算框架（如 Apache Spark）加速数据处理速度；通过数据挖掘和机器学习算法从复杂多样的数据中提取有价值的信息。

在大数据分析方面，新的技术和方法不断涌现。例如，深度学习算法在图像识别、语音识别和自然语言处理等领域取得了巨大突破，能够自动从大量数据中学习特征和模式，实现高精度的数据分析和预测。此外，可视化技术也在不断发展，通过将复杂的数据以直观、易懂的表格和图形展示出来，帮助决策者更好地理解数据背后的含义，发现隐藏的趋势和规律。

大数据的发展还推动了跨学科的合作和创新。数据科学涉及数学、统计学、计算机科学等多个学科领域，需要不同背景的专业人员共同协作。例如，在医疗大数据分析中，医学专家提供专业知识和临床经验，数据科学家运用数据分析技术挖掘数据价值，数据工程师构建和维护数据处理系统，共同推动医疗行业的创新和发展。

大数据已经成为现代社会发展的重要驱动力，掌握大数据技术和管理方法对于企业、组织和个人在激烈的竞争中取得优势至关重要。通过不断深入研究和实践，我们能够更好地利用大数据的力量，推动社会的进步和创新，创造更加美好的未来。同时，我们也需要在发展大数据的过程中，注重数据安全、隐私保护和伦理道德问题，确保大数据的应用符合人类社会的利益和价值观。

4 基础数据处理

当谈论数据处理时，我们实际上在讨论如何准备、清理和转化原始数据，以使其成为可用于分析和建模的有价值的信息。这一步骤在数据科学中至关重要，它为我们提供了许多重要的好处。

首先，数据处理有助于改善数据质量。原始数据通常会存在各种问题，如缺失值、异常值、重复数据以及格式不一致。这些问题可能导致不准确的结果和不可信的见解。通过数据处理，我们可以清理数据，解决这些问题，从而提高数据的准确性和可靠性。

其次，数据处理有助于确保数据一致性。数据通常有多个不同的来源，它们可能使用不同的格式和标准。数据处理过程可以统一数据，使其具有一致的结构，从而使数据整合和分析更加容易与有效。

再次，数据处理还包括特征工程，其核心是提取和构建有用的特征，以供机器学习和统计建模使用。好的特征可以显著提高模型的性能，因此数据处理在模型训练的成功中起到关键作用。

最后，数据处理还涉及数据的降维，特别是在处理大规模数据集时。通过降低数据的维度，数据变得更加精炼，计算成本更低，同时保留了数据的关键信息，这使得数据更容易分析。除此之外，数据处理还是保护数据隐私和信息安全的必要步骤。

综上所述，数据处理是数据科学的关键环节，本章将分为四个小节，从不同角度分别讨论基本的数据处理。

4.1 数据处理的重要性

在数据科学领域，数据处理是构建精准模型和获取可靠洞察的关键基石，直接关系到后续分析与决策的质量与有效性。原始数据往往存在诸多缺陷，无法直接满足分析需求，因此必须经过系统的数据处理流程，挖掘其潜在价值。

4.1.1 提升数据质量

原始数据可能包含多种问题，如缺失值、异常值、重复数据以及格式不一致。这些问题犹如隐藏在数据中的"暗礁"，严重威胁数据的准确性与可靠性，可能导致基于这些数据的分析结果出现偏差。例如，在市场调研中，若部分受访者的关键信息（如年龄、收入等）缺失，将影响对整个市场消费群体特征的准确把握；异常值（如某个数据点与其他数据相差悬殊）可能扭曲数据的整体分布，干扰对集中趋势和离散程度的正确判断；

格式不一致（如日期格式在不同记录中存在差异）也会给数据整合与分析带来困扰。通过数据处理，我们可运用适当的缺失值填充方法（如均值、中位数填充或基于业务逻辑的填充）、异常值检测与处理技术（借助可视化手段或统计规则）以及格式统一转换，有效提升数据质量，为后续分析奠定坚实基础。

4.1.2 确保数据一致性

在实际应用中，数据通常源自多个不同渠道或系统，各数据源可能遵循不同的格式与标准。例如，企业的销售数据可能分散存储于多个数据库，其中，日期格式、产品名称规范以及数值精度等各不相同。数据处理的关键任务之一便是通过一系列标准化与转换操作，将这些异构数据统一为一致的结构和格式，确保数据在整个分析过程中的连贯性与可比性。这不仅便于数据整合与关联分析，还能避免因格式差异引发的错误解读和结果偏差，使数据能在统一框架下进行准确融合与深度挖掘。

4.1.3 特征工程

特征工程在数据处理中占据核心地位，是提升机器学习和统计建模效果的关键驱动力。它涵盖从原始数据中精心筛选、巧妙构建及有效转换特征的一系列过程，旨在提取对模型训练和预测具有价值的信息。例如，在信用风险评估中，除原始特征（如收入、年龄）外，构建收入与债务比例、信用历史时长与活跃度等新特征，可更好地捕捉客户信用风险特征，为模型提供更强的区分能力，大幅提升模型性能与预测精度。

4.1.4 降低数据维度

面对海量数据集，数据处理中的降维操作成为提高分析效率和效果的必备手段。高维度数据不仅带来高昂的计算成本和资源消耗，还因维度诅咒引发模型训练困难、过拟合风险增加及解释性降低等问题。例如，电商用户行为数据集包含众多特征（如消费者人口统计学、消费行为、浏览记录特征等），若直接使用所有特征分析建模，计算复杂度极高，且部分相关特征可能导致信息冗余。运用降维技术（如主成分分析、线性判别分析等），可在保留关键信息的前提下将高维数据映射到低维空间，降低计算成本，提升模型训练与评估效率，同时避免维度过高带来的诸多问题，使数据更易于分析理解，助力挖掘深层次模式与规律。

4.1.5 保障数据隐私与安全

随着数据在各领域的广泛应用，隐私与安全问题日益凸显。在数据处理过程中，尤其是涉及敏感信息（如个人身份、财务数据、医疗记录等）时，我们必须采取严格措施确保数据安全。数据处理环节中的数据隐藏技术，如去标识化（去除或加密直接标识符）和加密（将数据转换为密文），可有效保护数据免受未经授权的访问、泄露或滥用。例如，医疗大数据研究中，为保护患者隐私，研究人员会对个人身份信息去标识化，并对医疗记录加密存储与传输，仅授权专业人员在合法合规前提下访问使用，从而在挖掘数据价值的同时，最大限度保障数据主体权益与数据安全。

4.2 数据预处理

数据预处理作为数据科学的关键环节，是将原始数据转化为适合分析与建模的优质资源的必经之路。它涵盖标签与分类处理、数据清洗、数据配平与洗牌以及数据隐藏等核心步骤，共同确保数据具备高质量、一致性和可用性，为后续复杂分析与建模任务筑牢根基。

4.2.1 标签与分类处理

在数据预处理的起始阶段，妥善处理标签或类别信息至关重要。标签用于指示数据点的类别归属，是众多机器学习任务的基础。不同类型标签，如名义型（如性别：男/女）、有序型（如产品评级：低/中/高）和数值型（如年龄：具体数字），各具特性与处理方式。为使数据能被机器学习算法有效理解，需将其转换为合适形式。例如，名义型标签可将独热编码转换为二进制向量，每个类别对应一个元素，该类别元素为 1，其余为 0；有序型标签可依顺序赋予数值编码，体现类别间顺序关系；数值型标签若数值范围差异大或与模型要求不符，可能需进行归一化或标准化处理，映射到特定区间（如 [0，1] 或 [-1，1]），确保特征在模型训练中的公平性与有效性。

4.2.2 数据清洗

数据清洗是预处理的核心任务，旨在解决原始数据中的缺失值、异常值和重复数据等问题。这些问题如同"杂质"，若不处理，将严重干扰分析结果的准确性与可靠性。针对缺失值，我们可根据数据特点选择合适的填充方法。若数据呈正态分布，均值填充较为合适；若数据存在偏态，中位数填充可能更佳；若数据为具有特定业务含义的变量，基于业务逻辑的填充比较适宜，如用众数填充分类变量缺失值。异常值检测与处理同样关键，我们可借助可视化方法（如箱线图、直方图）或统计规则（计算均值和标准差，超出一定倍数标准差范围的数据视为异常值）识别异常值。对于检测到的异常值，我们需深入分析其产生原因，其可能源于数据录入错误、测量误差、特殊事件或真实极端值，再根据性质和分析目的选择保留、修正（若为错误数据）或删除异常值。例如，在金融数据分析中，极端波动对应的异常值可能蕴含重要信息，我们需谨慎对待并深入挖掘。重复数据的处理相对直接，通常采用去重操作保留唯一记录，避免对分析结果产生不必要影响，确保数据准确性和分析有效性。

4.2.3 数据配平与洗牌

在实际数据集中，数据不平衡现象较为常见，即不同类别样本数量差异显著。这种不平衡可能导致模型性能下降，尤其在少数类别的预测上表现欠佳。数据配平技术旨在通过多种策略平衡样本数量，如过采样（增加少数类样本）、欠采样（减少多数类样本）和合成少数类过采样技术（SMOTE，结合两者优点），确保模型训练中各类别数据干衡，提升模型在不同类别上的泛化能力和预测准确性。此外，数据洗牌也是关键步骤，尤其在数据集存在顺序性时（如时间序列数据）。数据洗牌通过随机打乱顺序，有效清除顺序偏差，保证模型训练的公平性与准确性，避免模型因学习到数据顺序特征而产生过拟合或偏差，使其能更全面、稳定地学习数据内在模式与规律。

4.2.4 数据隐藏

在当今数字化时代，数据隐私与安全至关重要。当数据涉及敏感信息时，采取有效措施防止未经授权的访问或泄漏极为关键。数据隐藏技术应运而生：去标识化技术通过去除或加密直接标识符（如姓名、身份证号等），使数据在保留关键信息的同时无法关联到具体个人身份，一定程度上保护了隐私；加密技术则将数据转换为密文，只有具备解密密钥的授权人员才能还原，确保数据在存储、传输和处理过程中的保密性。例如，医疗大数据共享用于研究时，研究机构会对患者身份信息去标识化并加密医疗记录，仅向授权且遵循伦理规范的人员提供访问权限，确保数据使用合法合规，在挖掘价值的同时，保障数据主体权益和数据安全。

4.2.5 数据预处理示例（Python 实现）

下面是一个简单的数据预处理示例，展示了如何使用 Python 处理一个包含缺失值、异常值和分类变量的数据集（假设数据集为一个 CSV 文件，包含姓名、年龄、收入、性别和消费等级等列）。

```
import pandas as pd
import numpy as np

#读取数据集
data = pd. read_csv ('example_data. csv')

#查看数据前几行
print (data. head ())

#处理缺失值（以年龄列为例，使用均值填充）
mean_age = data ['age']. mean ()
data ['age']. fillna (mean_age, inplace = True)
```

```
#检测异常值（以收入列为例，使用 3 倍标准差规则）
std_income = data ['income']. std ()
mean_income = data ['income']. mean ()
lower_bound = mean_income - 3 * std_income
upper_bound = mean_income + 3 * std_income
data = data [ (data ['income'] > = lower_bound) & (data ['income']
  <= upper_bound)]

#处理分类变量（以性别列为例，进行独热编码）
data = pd. get_dummies (data, columns = ['gender'])

#查看处理后的数据前几行
print (data. head ())
```

在上述代码中，首先使用 pandas 库读取数据集，然后计算年龄列的均值并填充缺失值。接着，根据收入列的均值和标准差确定异常值范围，筛选出正常范围的数据。最后，使用 get_dummies 函数对性别列进行编码，将分类变量转换为数值形式，便于后续分析和建模。

4.3　数据透视表和数据切片：洞察数据的强大工具

在数据科学与数据分析领域，深入理解和准确解释数据是实现数据驱动决策的核心。数据透视表（Pivot Table）和数据切片（Data Slicing）作为两款强大的数据分析工具，为我们提供了深入探索数据集、揭示隐藏模式与关系的有效途径，有力地支持了决策制定和问题解决。

4.3.1　数据透视表

数据透视表是一种卓越的数据汇总工具，擅长将庞大复杂的数据集转化为易于理解和深入分析的形式。它通过巧妙地重新排列数据表中的行和列，以一种更为直观和结构化的方式呈现数据，极大地方便了用户识别数据中的模式、趋势和关系。数据透视表在电子表格软件［如 Microsoft Excel（见图 4 - 1）或 Google Sheets］中广泛应用，同时其他各类数据分析工具通常也提供类似数据透视表的功能。

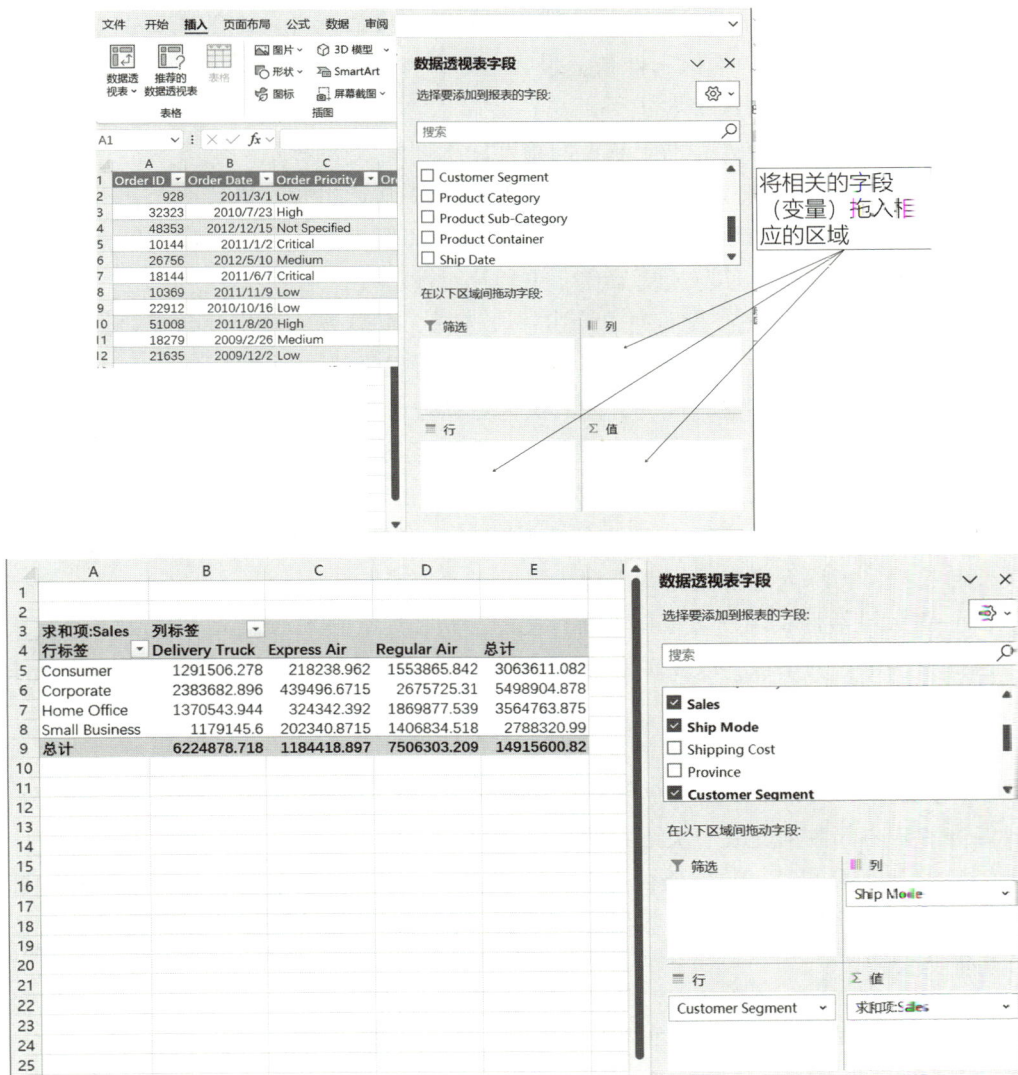

图 4 - 1　Excel **数据透视表**

创建数据透视表通常遵循以下步骤：

（1）选择数据源：我们需确定用于创建数据透视表的数据源，其通常是一个包含丰富数据的表格，涵盖多个字段（列）和众多记录（行），如企业销售数据、财务报表数据或用户行为数据等。

（2）选择行和列：我们需依据分析目的，精心挑选一个或多个字段作为数据透视表的行和列。这一选择将决定数据在数据透视表中的组织与展示方式，进而影响对数据格式的观察和理解。例如，分析销售数据时，我们可将产品类别作为行字段，销售地区作为列字段，以便清晰比较不同产品在各地区的销售情况。

（3）选择数据汇总方式：我们需根据具体需求，灵活选择合适的数据汇总方式。常见聚合函数包括求和、平均值、计数、最大值、最小值等。例如，若需关注销售总额，我们选择求和函数对销售额字段进行汇总；若需了解平均订单金额，我们选择平均值函数进行汇总。这些汇总方式有助于从不同角度深入理解数据特征。

（4）过滤数据：当数据源庞大时，我们可能需要筛选出特定数据子集进行分析。这可以通过设置筛选条件或运用条件过滤功能实现，如仅查看特定时间段、特定产品类别或特定客户群体的数据，使分析更聚焦、更具针对性。

（5）创建数据透视表：我们完成上述字段选择、汇总方式设定和数据过滤后，即可创建数据透视表，呈现数据的全新视图，为数据分析提供清晰、直观的界面。

数据透视表具有诸多显著优势，使其成为数据分析不可或缺的利器：

（1）高效数据汇总：数据透视表能够以多种灵活方式对数据进行汇总，快速呈现总体概况和关键趋势，帮助用户迅速把握数据核心特征。

（2）精准模式识别：数据透视表凭借独特结构和功能，助用户轻松发现隐藏模式、相关性和趋势，为深入理解数据背后规律提供有力支持。

（3）强大灵活性：用户可根据不断变化的分析需求，随时便捷地调整数据透视表设置，包括更换行、列字段，改变汇总方式以及更新筛选条件等，以适应不同分析场景和问题。

（4）直观数据可视化：数据透视表通常以可视化形式展示结果，如表格清晰呈现汇总数据，柱状图、线形图等直观展示趋势和对比关系，使数据更易于理解、分析和分享，有效促进团队内部数据交流与决策共识达成。

（5）快速获取洞察：数据透视表无须复杂编程或烦琐分析过程，即可使用户快速从数据中获取关键见解，显著提高数据分析效率，在面对紧急决策或快速探索数据特征时其优势尤为突出。

4.3.2　数据切片

数据切片作为一种重要的数据分析方法，是深入了解数据的关键工具，主要是将数据集划分为较小的、易于管理的子集，以便能够更加深入细致地探索每个子集的独特特征和内在关系。在实际应用中，数据切片通常与数据透视表紧密配合使用，二者相辅相成，共同助力用户获取更详细、更深入的数据分析见解。

数据切片的应用场景极为广泛，在多个领域发挥着重要作用。

（1）时间序列分析：在处理时间序列数据时，例如股票价格走势、气温变化记录或网站流量监测数据等，数据切片能够帮助用户精准查看不同时间段内的数据表现。通过对时间维度进行细致切片，用户可以有效检测数据中的季节性趋势、周期性变化以及特定事件对数据的影响。例如，某电商平台分析不同季度或月份的销售额变化，以确定销售旺季和淡季，为库存管理、营销策略制定提供依据。

（2）地理数据分析：对地理相关数据，如不同地区的销售数据、人口统计数据或环境监测数据等进行切片操作，可以深入了解不同地理区域的详细变化情况。例如，在销售数据分析中，切片查看不同城市、省份或国家的销售数据分布，有助于企业发现区域市场差异，制定针对性的市场拓展策略；在环境监测中，分析不同流域、地区的水质数据，可为环境保护决策提供本地化支持。

（3）市场细分研究：在市场调研和分析领域，数据切片是识别不同市场细分中客户特征和需求的有力手段。企业可以根据客户的人口统计学属性（年龄、性别、收入等）、消费行为（购买频率、购买金额、品牌偏好等）等多个维度，对客户数据进行切片分析。例如，将客户按照年龄和消费频率进行切片，研究不同年龄段高消费频率客户的共同特征，以便企业针对不同细分市场开发个性化产品和服务，优化营销策略，提高市场竞争力。

（4）产品分析：在产品管理和销售分析中，通过对产品数据进行切片，企业能够深入了解不同产品类别、型号或 SKU 的销售情况。这有助于企业评估产品的市场表现，及时发现畅销和滞销产品，为库存管理提供决策支持；有助于企业合理安排生产计划，同时为产品定位和市场推广策略的调整提供依据。例如，企业分析不同产品线在不同销售渠道的销售趋势，可以找出销售增长潜力较大的产品组合，以加大对其的推广力度。

4.4　数据降维

4.4.1　多维度带来的问题

随着信息技术的飞速发展，数据的维度呈现出不断增长的趋势。在许多实际应用场景中，我们面临着高维度数据带来的诸多挑战。高维度数据往往伴随着稀疏性问题，即在高维空间中，数据点变得相对稀疏，导致数据之间的距离度量失去了直观的几何意义。传统基于距离的算法［如 K 最近邻（KNN）算法］性能可能会受到严重影响。同时，维度诅咒现象使得数据在高维空间中的分布变得极为复杂，数据的体积随着维度的增加呈指数级增长，导致计算复杂度大幅提高，模型训练所需的时间和资源急剧增加。此外，高维度数据还容易引发过拟合问题，模型在训练过程中可能会过度学习数据中的细节和噪声，而忽略了数据的整体趋势和潜在模式，从而导致模型在新数据上的泛化能力显著下降，无法准确预测未知样本。例如，在图像识别领域，如果直接使用原始图像的所有像素作为特征（维度极高），模型可能会因为过度关注像素级别的细节而无法准确识别图像中的物体类别；在金融风险预测中，过多的特征维度可能会使模型捕捉到一些虚假的相关性，从而导致对风险的误判。

4.4.2　探索数据

在进行数据降维之前，对原始数据进行全面深入的探索是至关重要的一步。这包括运用多种数据分析方法和可视化技术，从不同角度理解数据的内在结构和分布特征。

算数据的基本统计量，如均值、中位数、标准差、偏度和峰度等，可以初步了解数据的集中趋势、离散程度和分布形态。可视化技术在此过程中发挥着关键作用，例如散点图可以直观展示多个变量之间的两两关系，帮助我们发现变量之间是否存在线性或非线性相关性；直方图能够清晰呈现单个变量的分布情况，判断其是否服从正态分布或其他特定分布；箱线图则可用于识别数据中的异常值和比较不同组数据的分布差异。此外，我们还可以使用主成分分析（PCA）等方法进行初步的特征提取，观察数据在主成分空间中的分布，了解数据的主要变化方向和信息集中程度，为后续选择合适的降维方法提供重要参考依据。例如，在分析一个包含多个经济指标的数据集时，我们通过散点图发现某些指标之间存在较强的线性相关性，这提示我们在降维过程中可以考虑去除这些冗余信息；通过 PCA 分析，我们发现前几个主成分能够解释大部分数据方差，这为确定降维后的维度提供了初步线索。

4.4.3 分类变量的处理

在数据集中，分类变量的存在为数据分析带来了独特的挑战，需要进行专门的处理以适应降维算法的要求。对于名义型分类变量（如性别、颜色等），由于其类别之间没有内在的顺序关系，一种常见的处理方法是采用独热编码。例如，对于一个包含"男""女"两个类别的性别变量，独热编码将其转换为一个二维向量，"男"对应 $[1, 0]$，"女"对应 $[0, 1]$。这样的编码方式虽然能够完整地表示分类信息，但在处理大规模数据且分类类别较多时，可能会导致维度急剧增加。另一种处理方式是使用虚拟变量编码（Dummy Variable Encoding），它与独热编码类似，但通过减少一个编码列来避免共线性问题，例如对于上述性别变量，可编码为"男"对应 1，"女"对应 0。对于有序型分类变量（如教育程度：小学、初中、高中、大学等），我们可以根据类别之间的顺序关系赋予相应的数值编码，如小学 $=1$，初中 $=2$，高中 $=3$，大学 $=4$。但需要注意的是，这种编码方式假设相邻类别之间的差距是相等的，在实际应用中可能并不总是合理。在进行分类变量编码后，我们还需要根据具体的降维算法需求，进一步调整数据格式，确保数据能够顺利进行降维操作，同时尽量保留分类变量所蕴含的信息，避免信息损失对降维效果和后续分析造成不利影响。

4.4.4 主成分分析

PCA 作为一种广泛应用的数据降维技术，其核心目标是将高维数据投影到低维空间，同时尽可能多地保留数据的方差信息。PCA 的基本原理是通过构建原始数据的协方差矩阵（或相关系数矩阵），求解其特征值和特征向量。特征值反映了对应特征向量所指向方向上数据的方差大小，特征向量则确定了数据在新空间中的投影方向。在降维过程中，我们通常选择特征值较大的前 k 个特征向量，构成一个新的低维坐标系，将原始数据点投影到这个新坐标系中，从而实现数据的降维。例如，在一个三维数据集（如三个特征变量描述的样本点）中，PCA 可能发现数据在其中一个方向上方差很小，而在另外两个方向上方差较大，此时可以选择这两个方差较大的方向作为主成分，将原始三维数据点投影到这两个主成分所构成的二维平面上，实现从三维到二维的降维。

PCA 具有诸多优点，它能够有效减少数据的维度，降低计算复杂度，同时在一定程度上避免了信息的过度损失，并且对数据的线性关系具有较好的处理能力。然而，PCA 也存在一些局限性，它假设数据在各个主成分方向上的方差具有重要性的差异，而在某些实际情况下，数据的内在结构可能并非如此简单地由方差决定。此外，PCA 对非线性关系的处理能力相对较弱，当数据存在明显非线性结构时，可能无法取得理想的降维效果。

下面是一个使用 Python 的 scikit-learn（sklearn）库实现 PCA 降维的简单示例。假设我们有一个包含多个特征的数据集（这里以生成一个随机数据集为例），我们将使用 PCA 将其维度降低到二维。

```python
import numpy as np
import matplotlib. pyplot as plt
from sklearn. decomposition import PCA
from sklearn. datasets import make_ classification

#生成一个随机的多特征数据集
X, y = make_classification (n_samples =1000, n_features =10,
    n_informative =5, n_redundant =0, random_state =42)

#创建 PCA 对象，设置目标维度为 2
pca = PCA (n_components =2)

#对数据集进行 PCA 降维
X_pca = pca. fit_transform (X)

#绘制降维后的散点图
plt. scatter (X_pca [:, 0], X_pca [:, 1], c =y)
plt. xlabel ('Principal Component 1')
plt. ylabel ('Principal Component 2')
plt. title ('PCA - Reduced Data')
plt. show ()
```

在上述代码中，我们首先使用 make_classification 函数生成一个包含 1 000 个样本和

10 个特征的随机数据集，其中 5 个特征是有用信息，0 个冗余特征；然后创建 PCA 对象并指定目标维度为 2；接着使用 fit_transform 方法对数据集进行降维操作；最后将降维后的结果绘制成散点图并展示，不同颜色表示不同类别（这里的类别是生成数据时自动生成的）。通过这个示例，我们可以直观地看到 PCA 如何将高维数据投影到二维空间，并且在一定程度上保留了数据的分布特征（通过不同颜色的聚类情况可以看出，见图 4–2）。

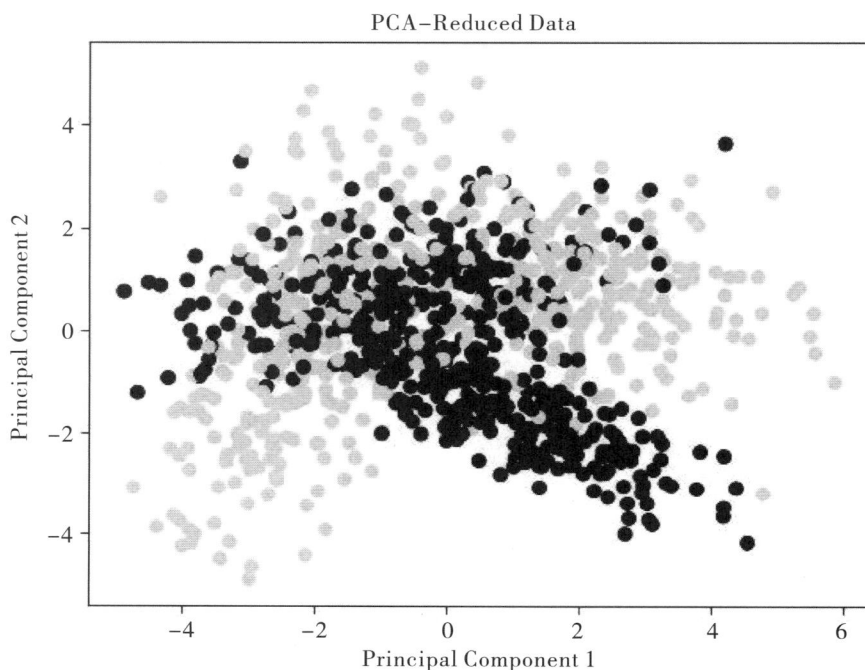

图 4–2　PCA 降维后的散点图

4.4.5　其他降维方法（回归、回归树和聚类）

除了 PCA 之外，还有多种降维方法可供选择，它们各自基于不同的原理和假设，适用于不同的数据特点和分析需求。

1. 基于回归的降维方法

通过建立回归模型，我们可以将高维数据中的部分变量视为因变量，其他变量作为自变量，利用回归方程的系数来确定变量的重要性，进而选择重要变量实现降维。例如，在多元线性回归中，我们可以根据回归系数的大小判断每个自变量对因变量的贡献程度，保留贡献较大的自变量，舍去贡献较小的自变量，从而降低数据维度。

这种方法的优点是能够结合具体的预测目标（因变量）进行降维，降维后的变量具有明确的实际意义，与分析目标紧密相关；缺点是过于依赖回归模型的假设和准确性，如果模型假设不成立或数据存在复杂的非线性关系，则可能导致降维效果不佳。

2. 回归树降维方法

回归树是一种基于树结构的模型，它通过对数据进行递归分割，构建一棵决策树来预测目标变量。在降维应用中，回归树可以根据数据的特征将数据集划分为不同的子集，每个子集对应树的一个分枝，然后选择对目标变量预测最重要的特征作为分裂节点，通过不断重复这个过程，最终可以根据树的结构和特征重要性评估来选择重要特征，实现数据降维。

回归树降维的优势在于它能够处理非线性关系，对数据分布没有严格假设，并且可以直观地解释特征的重要性；然而，回归树容易出现过拟合现象，特别是当树的深度过大时，需要通过适当的剪枝技术来控制模型复杂度，提高模型的泛化能力。

3. 聚类降维方法

聚类算法将数据点根据相似性划分为不同的簇，使得同一簇内的数据点相似度较高，不同簇之间的数据点相似度较低。在降维过程中，我们可以将每个簇视为一个新的"类别"或"特征"，通过对簇的描述和特征提取来实现降维。例如，K–均值（K-means）聚类算法可以将数据点划分为 K 个簇，然后用簇的质心（均值向量）来代表每个簇，从而将原始数据的维度降低到 K 维。

聚类降维方法的优点是能够发现数据中的自然分组结构，适用于挖掘数据中的潜在模式和类别信息；缺点是聚类结果对初始值敏感，不同的初始聚类中心可能导致不同的聚类结果，而且在确定聚类数量时可能需要一些先验知识或尝试不同的 K 值来评估效果。

本章小结

本章全面深入地阐述了数据处理在数据科学中的关键地位和重要作用。数据处理旨在将原始数据转化为适合分析与建模的高质量数据资源，涵盖多个关键方面。

数据处理的重要性体现在多个维度。提升数据质量可解决缺失值、异常值、重复数据及格式不一致等问题，确保数据准确性与可靠性，为后续分析奠定坚实基础。确保数据一致性能够统一不同来源数据的格式与标准，便于整合与分析，避免因格式差异导致的错误解读。特征工程通过精心选择、构建和转换特征，为机器学习和统计建模提供关键信息，显著提升模型性能。降维操作在处理大规模数据时，可有效降低计算成本，避免维度诅咒引发的问题，同时保留数据关键信息，使数据更易于分析。此外，保障数据隐私与安全是不可忽视的方面，通过数据隐藏技术防止敏感信息泄露，维护数据主体权益。

在数据预处理环节，标签与分类处理将不同类型标签转换为适合机器学习算法的形式；数据清洗解决缺失值、异常值和重复数据问题；数据配平与洗牌分别应对数据不平衡和顺序偏差问题；数据隐藏技术保护敏感信息。数据透视表和数据切片是强大的数据分析工具，前者通过灵活汇总和组织数据，助力发现模式与趋势，后者通过划分子集深入探索数据特征和关系，二者在时间序列分析、地理数据分析、市场细分研究和产品分析等领域广泛应用。

数据降维方面，高维度数据带来稀疏性、维度诅咒和过拟合等问题，需在降维前全面探索数据。分类变量处理方法多样，PCA 通过选择主要特征向量实现降维，具有一定优势与局限；其他降维方法（如回归、回归树和聚类）基于不同原理，适用于不同场景。

总之，熟练掌握数据处理的各个环节和方法，是进行有效数据分析和挖掘数据价值的重要前提，能够为数据科学项目的成功提供坚实保障。

5 探索性数据分析

5.1 探索性数据分析概述

5.1.1 定义与概念

探索性数据分析（Exploratory Data Analysis，EDA）是数据科学流程中至关重要的一步，主要通过总结数据集的关键特征，并常以直观的可视化方式呈现，从而深入理解数据集。它作为数据准备阶段的首要环节，能帮助我们快速熟悉数据的内在结构、分布规律，有效发现其中可能存在的异常值、潜在趋势以及变量之间的相互关系，进而为后续更为深入和细致的数据分析工作奠定坚实的基础。例如，在分析一家电商企业的销售数据时，EDA 可以帮助我们初步了解销售额的大致范围、销售高峰和低谷的时间分布，以及不同产品类别或地区的销售差异等。

5.1.2 重要性

（1）深入理解数据特征：EDA 使我们能够全面掌握数据的各种特性，包括数据的分布形态、集中趋势、离散程度等。例如，对于一组学生考试成绩数据，我们可以通过 EDA 了解成绩的整体分布是正态分布还是偏态分布、平均分是多少、成绩的波动范围有多大等，从而对学生的学习情况有一个初步的整体把握。

（2）发现隐藏模式与趋势：EDA 使我们能够敏锐地捕捉到数据中隐藏的规律、关系和变化趋势。比如，在分析某城市多年的气温数据时，EDA 可以帮助我们发现气温呈现出逐年上升的趋势，或者某些月份之间存在明显的气温相关性，这些发现为进一步研究气候变化或季节特征提供重要线索。

（3）指导数据清洗与预处理：在正式分析之前，我们可以借助 EDA 精准地检测与妥善处理数据中的异常值、缺失值以及错误数据。例如，在分析企业员工薪资数据时，如果发现个别员工的薪资远远高于或低于正常水平（异常值），我们可以进一步调查原因，决定是否对这些异常值进行修正或剔除，以确保数据的准确性和可靠性，提高后续分析结果的可信度。

（4）提取有价值洞见支持决策：通过可视化图表和统计分析，我们能够从数据中提炼出具有实际意义的信息和见解，为企业的业务决策提供有力的数据支持。例如，一家连锁餐饮企业通过对不同门店客流量和销售额的 EDA，发现某些门店在特定时间段客流周末、节假日）的客流量和销售额明显高于其他门店，据此可以合理调整人员安排、食材采购计划，甚至制定针对性的营销策略，以提升整体经营效益。

5.1.3　与其他分析阶段的关系

探索性数据分析是整个数据分析过程的先驱者和探索者，与后续的分析阶段紧密相连、相辅相成。它为后续的验证性分析（如假设检验、回归分析等）提供了方向和思路。例如，在进行回归分析之前，我们可以通过 EDA 初步观察变量之间的线性或非线性关系，从而选择合适的回归模型。同时，EDA 的结果也可以帮助我们评估数据是否满足后续分析方法的假设条件。如果发现数据存在严重的非正态分布或多重共线性等问题，我们可以在正式分析前采取相应的数据转换或处理措施，以确保后续分析的准确性和有效性。

5.2　探索性数据分析的步骤

5.2.1　初步探索

1. 数据来源调查

在进行数据分析时，详细了解数据的获取方式至关重要。这包括采集的方法、使用的工具以及采集过程中的环境条件等。例如，数据是通过传感器自动采集，还是由人工手动录入的？采集过程中是否存在可能影响数据质量的因素？此外，我们还需确认数据是否为样本数据。如果是样本，我们必须评估其采样方法的科学性和合理性，以判断样本是否能够准确代表总体特征。例如，在市场调研中抽取的消费者样本需具有广泛的代表性，涵盖不同年龄、性别、地域和消费层次的人群。最后，我们需了解数据在采集后是否经过了预处理或转换操作，如数据清洗、标准化和归一化等，以及这些处理对原始数据可能产生的影响。例如，某些数据可能进行了缺失值填充或异常值剔除，这可能会改变数据的原始分布特征。通过全面审视这些因素，我们能够更好地理解数据的质量和适用性，为后续分析打下坚实基础。

2. 数据基本结构剖析（针对结构化数据）

在进行数据分析时，我们首先需要检查数据是否以标准的表格形式存储，即由行和列构成。其中，每一列对应一个变量，包含该变量的所有观测值；每一行代表一个观察对象或样本，记录各个变量在该样本上的取值。例如，在一份员工信息表中，每行记录了一名员工的各项信息（如姓名、年龄、性别、部门、薪资等），而每列则分别表示不同的信息类别。如果数据结构不符合标准格式，我们需要进行必要的数据清洗和转换操作，以使其符合数据分析的要求。这可能包括将多列数据合并为一列，或将行数据进行转置等，以确保数据的一致性和可用性。通过合理的结构分析，我们能够为后续的数据处理和分析奠定良好的基础。

3. 数据类型识别

在这个步骤中,我们需要区分数据中的变量类型,常见的变量类型包括数值型(如整数、浮点数)、分类型(如性别、职业类别)、文本型(如客户评论、产品描述)和日期型(如订单日期、生产日期)等。例如,在销售数据中,销售额、销售量属于数值型变量,产品类别、销售渠道属于分类型变量(分类变量),客户备注属于文本型变量,销售日期属于日期型变量。准确识别变量类型对于选择合适的分析方法和统计指标至关重要。

5.2.2 数据预处理

1. 缺失值处理

在数据分析中,识别数据中存在缺失值的变量和样本是至关重要的一步。我们需要统计缺失值的数量和比例,并评估缺失值对分析结果的潜在影响。例如,在一份问卷调查数据中,如果大量样本在关键问题(如收入水平、消费习惯等)上存在缺失值,可能会导致分析结果出现偏差。因此,根据缺失值的分布情况和数据特点,选择合适的处理方法显得尤为重要。一种常见的处理方法为删除含有缺失值的样本(行删除)或变量(列删除),但这种方法可能会导致数据量减少和信息的丢失。另一种常用的处理方法为插补技术,例如使用均值插补(用变量的均值替代缺失值)、中位数插补、众数插补,或者基于模型的插补方法(如利用回归模型预测缺失值),以保持数据的完整性和样本量。通过合理处理缺失值,我们能够提高数据分析的准确性和可靠性。

2. 异常值处理

我们可以通过可视化方法(如箱线图和直方图)或基于统计规则(如计算数据的均值和标准差,将超出一定倍数标准差范围的值视为异常值)来识别异常值。例如,在分析企业员工的绩效评分数据时,如果某个员工的评分显著高于或低于其他员工,这个评分就可能被视为异常值。对于检测到的异常值,我们需要进一步分析其产生的原因。这些异常值可能源于数据录入错误、测量误差、特殊事件或真实的极端值等。根据异常值的性质和分析目的,我们可以选择保留、修正(如在发现是错误数据时)或删除这些异常值。在某些情况下,异常值可能包含重要信息,例如在分析金融市场的极端波动或罕见事件时,这些异常值可能成为研究的重点。因此,合理处理异常值对于提高数据分析的准确性和有效性至关重要。

3. 重复值处理

我们需要统计重复值的数量和分布情况,因为重复值可能会影响数据分析的准确性,导致某些统计量(如均值和计数等)出现偏差,同时会增加数据存储和处理的负担。对于检测到的重复值,我们通常可以选择删除重复记录,只保留唯一记录。然而,在执行去重操作之前,我们必须确保不会删除有价值的信息。在某些情况下,重复记录可能是多次重复测量或数据收集过程中的技术问题导致的,这些数据可能反映了数据的不确定性或变异性。因此,处理重复值时,我们需要谨慎,以确保数据的完整性和分析的可靠性。

5.2.3 描述性统计分析

在数据分析中，中心趋势、离散程度和分布形态是三个重要的统计度量指标，能够帮助我们理解数据的特征和结构。

1. 中心趋势度量

中心趋势度量用于描述数据的中心位置，常用的指标包括平均值、中位数和众数。

（1）平均值（均值）：是最常用的中心趋势指标，计算方法是将所有观测值相加后除以观测值的数量。然而，平均值容易受到极端值（异常值）的影响。例如，在计算一个班级学生的平均成绩时，个别极高或极低的成绩可能导致平均值无法准确反映班级的整体水平。

（2）中位数：是将数据按升序或降序排列后，位于中间位置的数值。中位数不受极端值的影响，对于偏态分布的数据，中位数往往比均值更能代表数据的中心。例如，在分析居民收入数据时，少数高收入群体使得收入分布右偏，此时中位数更能反映大多数居民的收入水平。

（3）众数：是数据集中出现频率最高的值，适用于描述分类数据的集中趋势，也可以用于数值型数据中最常见的数值特征。例如，在统计某产品的销售尺码时，众数尺码表示最受欢迎的尺码款式。

2. 离散程度度量

离散程度度量用于衡量数据的变异性，常用的指标包括方差、标准差和全距。

（1）方差：用于衡量每个观测值与均值之间的平均偏离程度，方差越大说明数据的离散程度越大。例如，通过比较两组学生成绩的方差，我们可以了解哪组学生的成绩波动更大。然而，我们应注意方差的单位是原始数据单位的平方，不可以与原始数据进行加减运算。

（2）标准差：是方差的平方根，与原始数据具有相同的单位，便于解释数据的离散程度。在正态分布数据中，大约68%的数据点会落在均值加减一个标准差的范围内，约95%的数据点会落在均值加减两个标准差的范围内。而根据经验，大部分的随机数据也基本上符合以上规律。在生产过程中，通过计算产品质量指标的标准差，我们可以判断生产的稳定性和产品质量的一致性。

（3）全距（极差）：是最大值与最小值之间的差值，简单直观地反映了数据的取值范围。然而，全距只考虑最大值和最小值，未能全面反映数据的中间分布情况。例如，在分析股票价格波动时，全距可以提供价格的最大涨跌幅度。

3. 分布形态度量

分布形态度量用于描述数据分布的特征，主要包括偏度和峰度。

（1）偏度：用于衡量数据分布的不对称性。偏度为正值表示数据分布向右偏斜（右侧有长尾），均值大于中位数；偏度为负值表示数据分布向左偏斜（左侧有长尾），均值小于中位数；偏度为零则表示数据分布对称，近似正态分布。例如，在分析企业员工薪资数据时，少数高管的高额薪资可能导致数据呈现右偏态。

（2）峰度：用于衡量数据分布的尖锐程度或平坦程度。峰度大于零表示数据分布比正态分布更尖锐（尖峰厚尾），而峰度小于零则表示数据分布比正态分布更平坦（扁峰薄尾）。例如，在金融市场中，某些风险资产的收益率分布可能具有较高的峰度，这意味着极端值出现的概率相对较大。

5.2.4 可视化分析

1. 常用统计图表及适用场景

（1）直方图：用于展示数据的分布情况，将数据划分为若干个区间（Bins），统计每个区间内数据的频数或频率。直方图适用于数值型数据，能够直观地呈现数据的分布形态（如正态分布、偏态分布）、中心位置和离散程度。例如，在分析学生考试成绩分布时，直方图可以清晰地显示各个分数段的学生人数比例，帮助教师了解学生整体的学习状况和成绩分布特点（见图 5 - 1）。

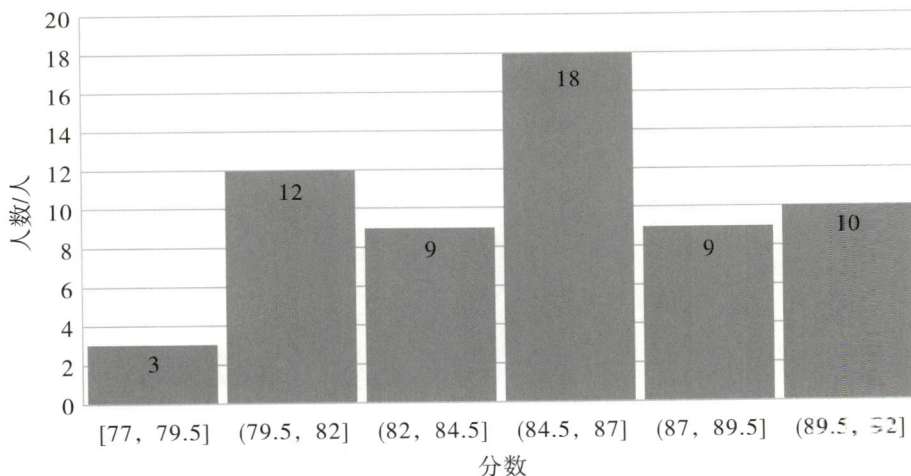

图 5 - 1 MBA 学生的成绩分布直方图

（2）连线图：通过将数据点用线段依次连接起来，主要用于展示数据随时间或其他连续变量变化的变化趋势。连线图常用于分析时间序列数据，如股票价格走势、气温变化等，能够清晰地反映数据的增减变化趋势、周期性波动以及长期趋势。例如，在分析某公司多年的销售额变化时，连线图可以展示销售额的逐年增长或下降趋势，以及是否存在季节性波动。有时，我们会在连线图里放置两条连线，以便进行对比。图 5 - 2 展示了使用指数平滑法对销售中心电话话务量进行预测。通过对比实际值和预测值，我们可以直观地看到该预测方法的准确程度。

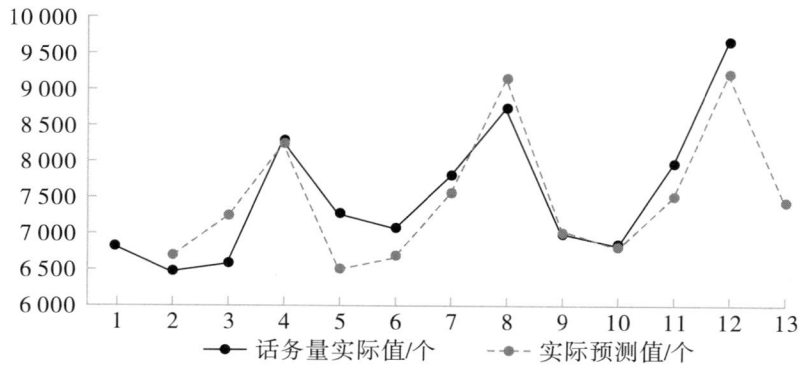

图 5-2　指数平滑预测连线图

（3）柱状图：用于比较不同类别或组之间的数据差异，将各类别数据以垂直或水平的柱状形式展示，柱子的高度或长度表示相应类别的数值大小。柱状图适用于分类数据或离散型数值数据的比较，能够直观地看出各类别之间的数量对比关系。例如，在比较不同产品类别在市场上的销售额占比时，柱状图可以清晰地展示各类产品销售额的相对大小（见图 5-3）。

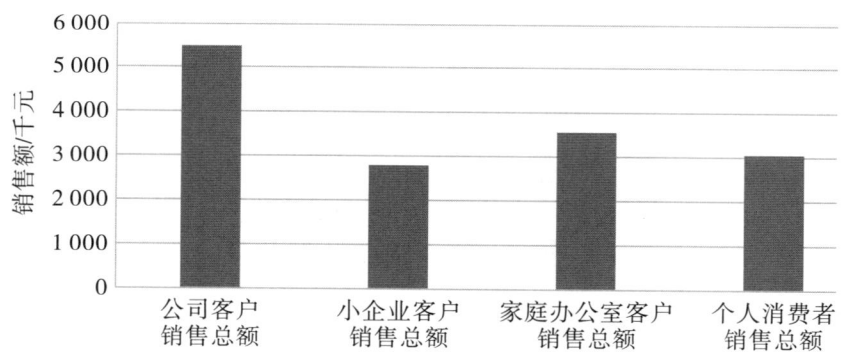

图 5-3　各个客户群体的销售额柱状图

（4）饼状图：用于展示各部分占总体的比例关系，将一个圆形划分为若干个扇形，每个扇形的面积表示相应部分占总体的百分比。饼状图适用于展示分类数据中各部分与总体的结构关系，强调各部分在总体中的份额。例如，在分析企业的成本结构时，饼状图可以显示原材料成本、人工成本、运营成本等各项成本在总成本中所占的比例（见图5-4）。

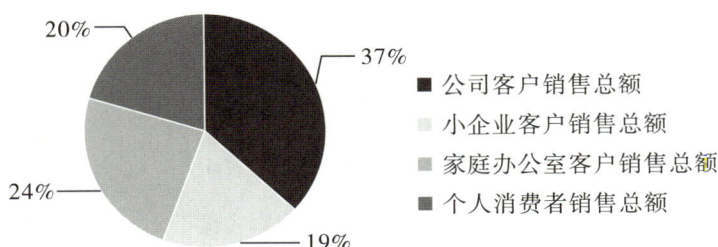

图5-4　成本结构饼状图

（5）箱线图：能够直观地标示一个数据集的多个统计特征，包括中位数、四分位数（第一四分位数、第三四分位数）、异常值等。箱线图常用于比较不同组数据的分布情况，判断数据是否存在偏态、异常值，以及比较多组数据的离散程度和中心趋势。例如在研究波士顿的房产价格时，我们将对象按照是否邻近查尔斯河分成两组，用箱线图可以非常直观地对比两个分组数据的分布情况（见图5-5）。

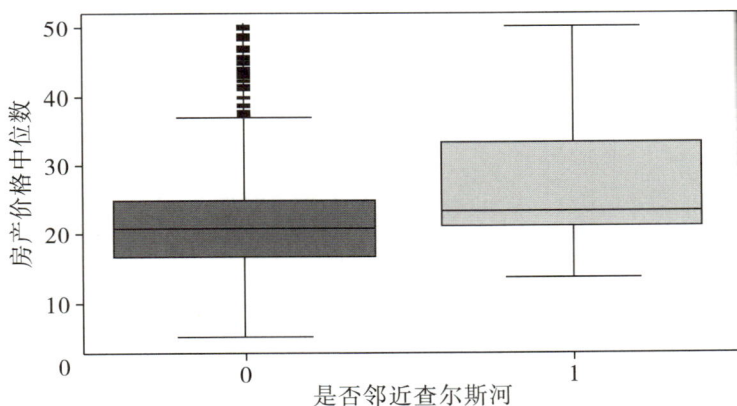

图5-5　房产价格箱线图

（6）散点图：用于展示两个变量之间的关系，将每个数据点在平面直角坐标系中以点的形式绘制出来，横坐标表示一个变量的值，纵坐标表示另一个变量的值。散点图适用于探索两个数值型变量之间是否存在线性或非线性关系、相关性强弱以及是否存在异常点。例如，在分析学生身高和体重之间的关系时，散点图可以帮助我们观察两者之间是否存在某种趋势（如正相关、负相关），以及是否有个别学生的身高、体重数据偏离整体趋势（异常点）。

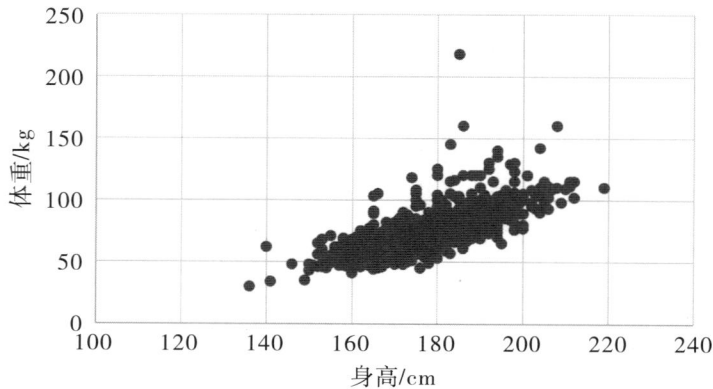

图 5 - 6　**身高与体重散点图**

2. 根据数据特点选择合适的图表

对于单变量数据，如果是数值型且关注其分布特征，如学生成绩、产品质量指标等，直方图是一个很好的选择。它可以清晰地展示数据的分布形态，帮助我们判断数据是否服从正态分布、是否存在偏态以及数据的集中趋势和离散程度。如果数据是时间序列数据，如股票价格每日走势、每月销售额变化等，则连线图能够更好地呈现数据随时间变化的变化趋势，包括长期趋势、季节性波动和周期性变化等，便于我们分析数据的动态特征和预测未来走势。

当我们比较不同类别或组之间的数据时，柱状图适用于展示各类别数据的数量差异或频率对比，例如不同地区的销售额、不同产品型号的市场占有率等。如果想要强调各部分占总体的比例关系，如企业各项成本在总成本中的占比、市场份额中各品牌的占比等，饼状图则更为直观。而箱线图在比较多组数据的分布特征时具有优势，它可以同时展示多组数据的中位数、四分位数间距、异常值等信息，帮助我们快速了解各组数据的离散程度、中心趋势以及是否存在异常值，常用于比较不同班级的成绩分布、不同生产批次产品质量的稳定性等。

对于探索两个变量之间的关系，散点图是首选，例如研究身高与体重、广告投入与销售额之间的关系。通过散点图，我们可以直观地观察变量之间是否存在线性或非线性关系，以及相关性的强弱和方向。如果存在多个变量之间的关系需要展示，我们还可以考虑使用气泡图（在散点图的基础上，用气泡的大小表示第三个变量的值）或其他多维可视化方法。

5.3　探索性数据分析案例：加拿大在线商店销售数据

5.3.1　案例背景

本案例使用的数据文件"store_ sales. csv"保存了加拿大某在线商店的销售记录。该数据涵盖了丰富的信息，包括订单日期、订单优先级、客户细分、产品类别、产品子类别、销售额、运输方式等多个变量，这些数据为我们深入了解该在线商店的销售情况提供了全面的视角。例如，订单日期可以帮助我们分析销售的时间趋势，产品类别和产品子类别有助于我们了解不同产品的销售表现，而销售额是衡量商店经营业绩的关键指标。通过对这些数据进行探索性数据分析，我们可以挖掘出有价值的信息，为商店的运营决策提供数据支持，如优化产品组合、调整营销策略、改进库存管理等。

5.3.2 数据导入与初步观察

1. 数据导入方法（以 Excel 为例）

打开 Excel 软件，我们可通过两种常见方法导入"store_sales.csv"文件。

方法一：在空白数据表中，选择"数据"选项卡，点击"获取数据"，然后选择"来自文件"中的"从文本/CSV"选项，按照提示步骤选择文件路径、设置数据格式等，完成数据导入（见图 5-7）。

方法二：直接点击"文件"菜单，选择"打开"，找到"store_sales.csv"文件，然后根据 Excel 的导入向导，逐步设置数据类型、分隔符等选项，将数据导入工作表中。

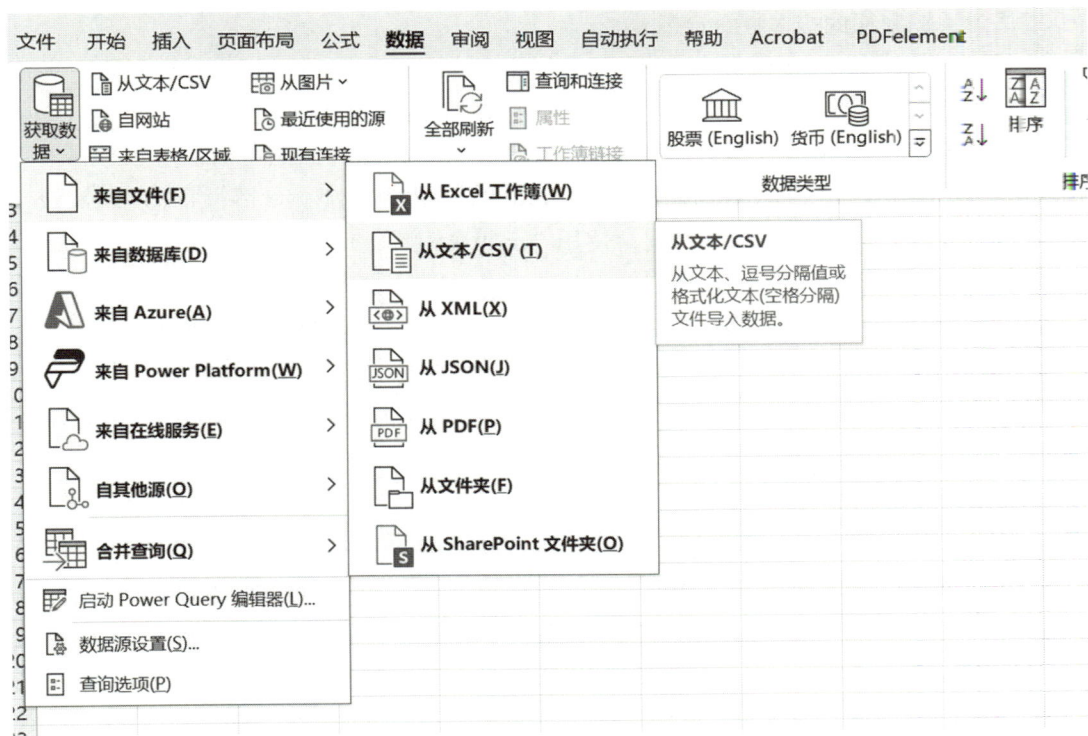

图 5-7 在 Excel 中导入 CSV 文件数据

2. 初步观察数据结构与内容

导入数据后，我们可以看到数据以表格形式呈现，每一行代表一笔销售订单记录，每一列对应一个变量。例如，"Order ID"列用于唯一标识每个订单，"Order Date"列记录订单的日期，"Order Priority"列表示订单的优先级（如高、中、低等），"Customer Segment"列描述客户所属的细分市场（如消费者、企业等），"Product Category"和"Product Sub-Category"列分别提供产品类别与产品子类别信息，"Sales"列则是订单的销售额，"Ship Mode"列显示了运输方式等。通过观察数据的行和列标题，我们可以对数据的大致结构和包含的信息有一个初步的了解，为后续的分析做好准备。

5.3.3　变量类型识别与描述性统计计算

1. 识别数值型和日期型变量

在该销售数据中，"Sales"（销售额）是明显的数值型变量，它记录了每笔订单的销售金额，用于衡量销售业绩的大小。"Order Date"（订单日期）属于日期型变量，它对于分析销售数据的时间序列特征至关重要，如按月份、季度或年份分析销售趋势、季节性变化等。此外，数据可能还存在其他数值型变量，如"Quantity"（销售数量）等。对于此类变量，我们也需要准确识别。

2. 计算销售额的描述性统计量

对于销售额数据，我们可以使用 Excel 函数计算各种描述性统计量。使用"=AVERAGE（）"函数可计算平均值（均值），它能反映销售额的平均水平；使用"=MEDIAN（）"函数可计算中位数，它能帮助我们了解销售额的中间位置水平，不受极端值影响；使用"=STDEV.S（）"函数可计算标准差，它能衡量销售额数据的离散程度，即数据相对于平均值的波动情况；使用"=QUARTILE.INC（data_range，number）"函数可计算四分位数，如第一四分位数（$Q1$）、第三四分位数（$Q3$）等，以进一步了解销售额数据在不同分位点上的分布情况。例如，通过计算这些统计量，我们可以知道该在线商店的平均销售额是多少，销售额的分布是较为集中（标准差较小）还是分散（标准差较大），以及大部分销售额（如 50% 的数据位于 $Q1$ 和 $Q3$ 之间）的取值范围等信息。

3. 使用数据透视表进行分类汇总

利用 Excel 的数据透视表功能，我们可以按照不同的分类变量对销售额数据进行分类汇总，计算各类别的描述性统计量。例如，我们将"Order Priority"（订单优先级）拖入行区域，将"Sales"拖入值区域，数据透视表可以快速计算出不同订单优先级（如高、中、低）下销售额的总和、平均值、计数等统计量，帮助我们分析不同优先级订单对销售额的贡献情况（见图 5－8）。同样，将"Customer Segment"（客户细分）拖入行区域，我们可以了解不同客户细分群体（如消费者、企业客户等）的销售额分布特征，包括平均销售额、总销售额等，从而为针对不同客户群体制定营销策略提供依据（见图 5－9）。

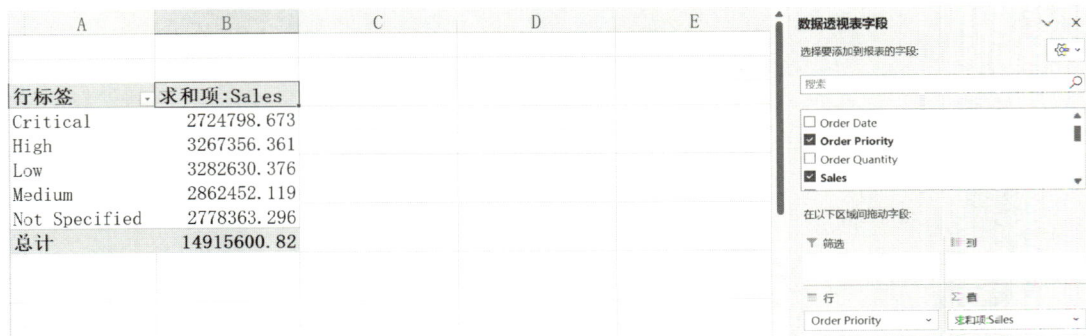

图 5-8   按订单优先级汇总的数据透视表

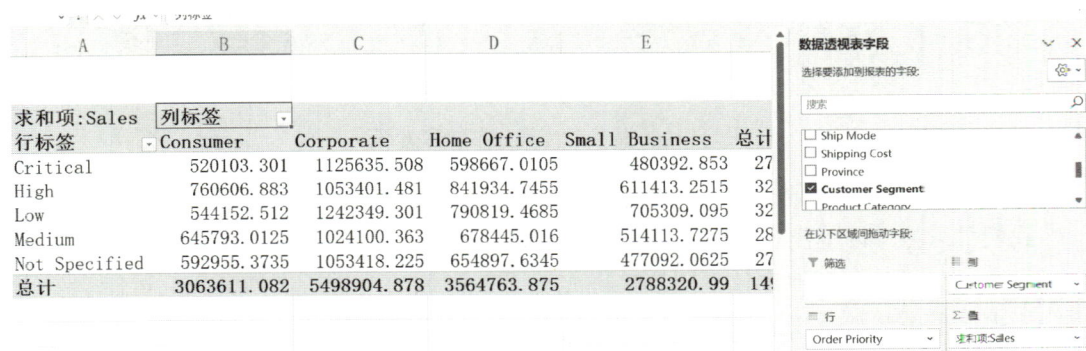

图 5-9   按订单优先级（行）和客户细分（列）汇总的数据透视表

5.3.4   可视化分析实践

1. 绘制销售额的直方图

以销售额为数据列，我们可以使用 Excel 的图表功能绘制直方图。通过设置合适的区间宽度，我们可以直观地看到销售额的分布形状。例如，如果直方图呈现出近似正态分布的形状，这说明销售额分布较为均匀，大部分订单的销售额集中在平均值附近。如果直方图呈现出右偏态，这可能表示存在少数高销售额订单拉高了整体平均水平；同时，我们可以观察到销售额的主要集中区间和长尾部分，其中长尾部分可能代表了一些高价值订单或特殊销售情况。在这个数据中，我们发现销售额呈现非常明显的右偏态（右侧的尾巴特别长）。为了将数据集中显示，我们对大于 4 000 的数据采取了截尾处理。图 5-10 展示了销售额不超过 4 000 的全部数据的直方图。

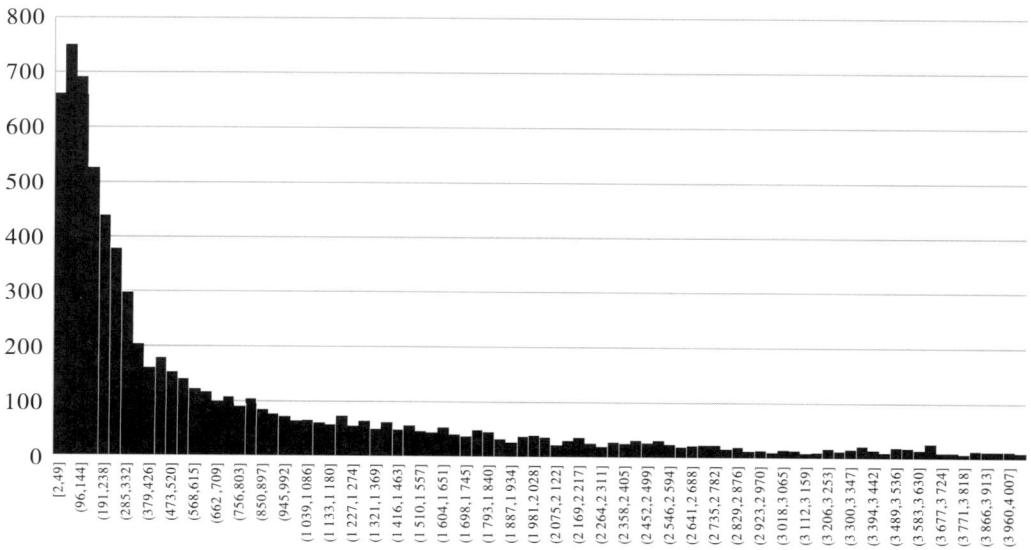

图 5 - 10 显示销售额分布的直方图①

2. 绘制不同订单优先级下销售额的柱状图

我们可以将"订单优先级"作为横坐标,"销售额"作为纵坐标,绘制柱状图(见图5 - 11)。这样可以清晰地比较不同订单优先级下销售额的差异。例如,我们可能会发现高优先级订单虽然数量较少,但销售额占比较高,这可能意味着高优先级订单对应的产品或客户具有较高的价值,商店可以考虑进一步优化高优先级订单的处理流程和服务质量,以提高客户满意度和忠诚度,同时挖掘更多高价值订单的潜力。

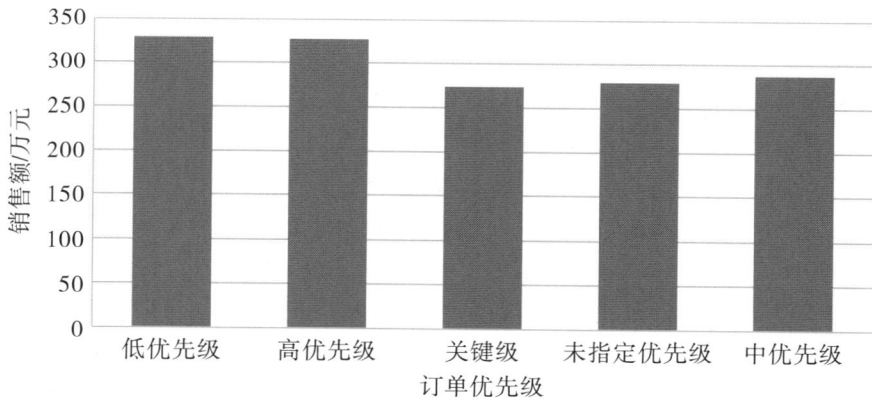

图 5 - 11 按订单优先级分类的柱状图

---

① 因为数据分段很密集,这里只显示一部分坐标范围,不影响正确性。

3. 绘制订单日期与销售额的连线图

我们可以将"订单日期"作为横坐标,"销售额"作为纵坐标,绘制连线图(见图 5-12)。该图可以展示销售额随时间变化的变化趋势,帮助我们分析销售数据是否存在季节性波动、长期增长或下降趋势等。例如,如果连线图显示每年的第四季度销售额明显高于其他季度,这可能表明该在线商店在节假日期间(如圣诞节、新年等)销售业绩较好,商店可以据此提前做好库存准备、制定有针对性的促销活动,进一步提升节假日期间的销售额。同时,长期趋势的分析也有助于商店评估业务的发展态势,及时调整经营策略。

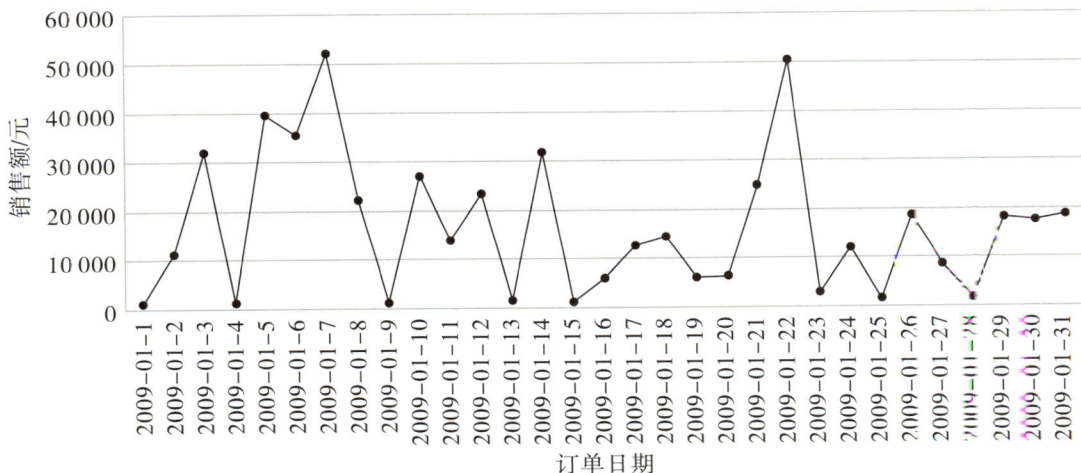

图 5-12 2019 年 1 月每天销售额的连线图

4. 利用箱线图分析不同客户细分群体销售额的分布

我们可以将"客户细分"作为分类变量,"销售额"作为数据列,绘制箱线图(见图 5-13)。通过箱线图,我们可以直观地比较不同客户细分群体销售额的分布特征,包括中位数、四分位数间距、异常值等。例如,如果某个客户细分群体的箱线图显示中位数较高且四分位数间距较小,这说明该群体的平均销售额较高且销售额分布相对集中,该群体可能是商店的核心客户群体。商店可以针对该群体开展个性化营销活动,提供专属优惠或增值服务,以增强其黏性和消费频次。反之,如果该群体存在较多异常值且四分位数间距较大,我们可能需要进一步调查原因,如是否存在个别大客户的一次性大额采购或该群体客户消费行为的较大差异,以便更好地满足不同客户的需求。

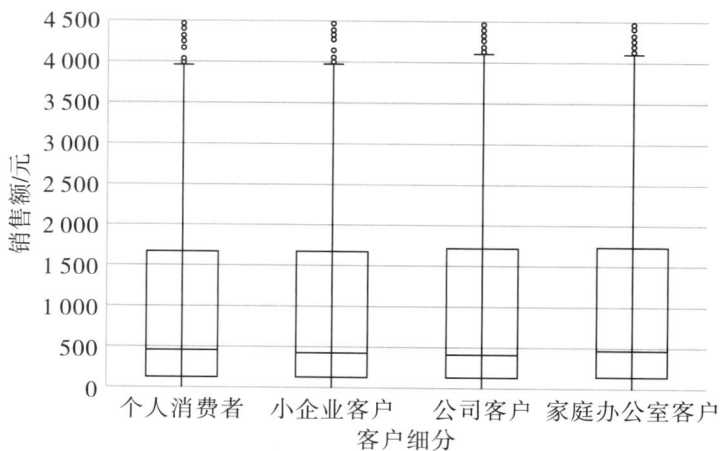

图 5 - 13　按客户细分分组的箱线图

5.4　启示与展望

5.4.1　对后续数据分析阶段的启示

　　探索性数据分析的结果为后续数据分析提供了宝贵的指导和方向。通过 EDA，我们可以初步判断数据是否满足某些特定分析方法的假设条件。例如，如果数据呈现严重的偏态分布，我们可能需要在进行参数假设检验或线性回归分析之前对数据进行适当的转换。同时，EDA 过程中发现的变量间关系（如相关性强弱、线性或非线性趋势等）可以帮助我们选择合适的分析模型。如果发现两个变量之间存在较强的非线性关系，那么在建模时我们可能需要考虑采用非线性模型而非简单的线性模型。此外，EDA 还能帮助我们识别数据中的重要变量和潜在影响因素，从而在后续分析中更加关注这些关键因素的作用，提高分析的针对性和有效性。例如，在分析销售数据时，如果发现某个地区的销售额明显高于其他地区，且与该地区的人口密度、消费水平等因素存在一定关联，那么在进一步的回归分析中，我们可以将这些因素作为自变量纳入模型，深入研究它们对销售额的影响程度。

5.4.2　探索性数据分析在数据科学领域的发展趋势

　　随着数据科学领域的不断发展，探索性数据分析也在持续演进和拓展。一方面，自动化的 EDA 工具和技术将日益普及。这些工具能够自动处理大规模数据，快速生成各种描述性统计量和可视化图表，帮助数据分析师更高效地完成初步探索和数据理解任务。例如，一些智能数据分析平台可以在用户上传数据后，自动检测数据类型、识别异常值、生成常见的可视化报告，并提供初步的数据分析建议，大大缩短了 EDA 的时间周期，降低了数据分析的门槛。

另一方面，交互式 EDA 将成为主流趋势。数据分析师可以通过与数据可视化界面进行交互操作，实时动态地改变分析参数、筛选数据子集、切换不同的图表类型，从而更深入地探索数据的各个方面。这种交互式的探索方式能够激发数据分析师的创造力和洞察力，帮助他们从不同角度发现数据中的隐藏信息。例如，在分析多维数据时，数据分析师可以通过交互式操作，轻松地在不同维度上进行切片、切块和钻取操作，观察数据在不同维度组合下的变化规律，从而发现潜在的模式和趋势。

此外，随着机器学习和人工智能技术的不断发展，EDA 将与这些技术深度融合。例如，利用机器学习算法自动识别数据中的复杂模式和异常模式，辅助数据分析师进行更深入的探索；或者通过人工智能技术对可视化图表进行自动解读和分析，提供更具洞察力的信息。同时，EDA 在跨领域应用中的重要性也不断凸显，无论是在医疗健康、金融科技、电子商务还是在其他领域，有效的 EDA 都将成为解决复杂问题、挖掘数据价值的关键环节，推动各行业的数字化转型和创新发展。

本章小结

探索性数据分析作为数据科学中不可或缺的重要环节，具有明确的目的和系统的步骤。其目的在于通过各种手段深入理解数据的内在结构、分布规律、变量间的关系以及潜在趋势，为后续的精确分析和决策制定奠定坚实的基础。在步骤方面，初步探索阶段着重于对数据来源的追溯、基本结构的剖析以及变量类型的甄别，这为后续分析提供了宏观框架和基础信息。数据预处理环节对数据中常见的缺失值、异常值和重复值问题进行处理，确保数据的质量和可靠性，避免这些问题对分析结果产生误导。描述性统计分析通过计算一系列统计量，从中心趋势、离散程度和分布形态等多个维度对数据进行量化刻画，使我们能够从数值角度把握数据的特征。可视化分析则借助丰富多样的图表工具，将数据以直观形象的方式呈现出来，便于发现数据中的隐藏模式和关系，尤其在处理大规模复杂数据时，可视化分析能够快速传达关键信息，激发分析思路。

6 回归分析

6.1 为什么要学习回归分析

线性回归是数据科学和统计学中基础且重要的分析技术之一。它被广泛应用于各种领域，用于量化和预测变量之间的关系。通过学习线性回归，你将掌握如何使用数据来做出有依据的决策，解决现实中的问题。

想象一下，作为一名数据分析师或决策者，你正面对着一堆看似杂乱无章的数据，如何从中提取有价值的信息？这时，回归分析就显得尤为重要了。通过回归分析，我们可以确定输入变量（自变量）与输出变量（因变量）之间的关系，并通过这种关系来预测未来的趋势或结果。这种能力在商业决策、科学研究、政策制定等多个领域都发挥着至关重要的作用。

以商业场景为例，一个玩具零售企业的销售经理面临着如何预测未来销售量的挑战。他知道，销售量与玩具的售价、广告支出和促销支出等因素密切相关。但如何量化这些因素对销售量的具体影响呢？如果将售价降低10%，大概能使销售量增加多少呢？这时，回归分析就派上用场了。通过收集历史数据，利用回归分析建立模型，销售经理可以清晰地看到每个因素对销售量的影响程度，从而制定更加科学、合理的市场策略。

此外，回归分析还具有易于理解、操作简便等优点。通过简单的线性方程，我们能直观地理解自变量与因变量之间的关系，这大大降低了数据分析的门槛，使得更多的人能够利用回归分析来解决问题。

最后，多元变量的回归分析有助于我们建立两个变量之间的因果关系。我们前面学习过，两个变量（例如 Y 和 X）之间有相关关系，并不意味着它们之间也具有因果关系。如果要建立 X（原因）对 Y（结果）的因果关系，必须同时控制其他对 Y 产生影响的变量。多元回归分析可以帮助我们实现这个目的。

综上所述，学习回归分析不仅是为了掌握一种数据分析技术，还是为了培养一种基于数据做出决策的思维方式。在数据驱动的今天，掌握回归分析无疑将为我们打开一扇通往成功的大门。

6.2　回归分析的基本概念和原理

6.2.1　什么是回归分析

线性回归是预测分析中历史悠久且广泛使用的分析方法之一，也是人们学习预测模型的首选技术之一。它是一种用于对若干输入变量（自变量）与一个连续的结果变量（因变量）之间关系建模的分析技术。线性回归假设输入变量与结果变量（输出变量）之间的关系是一种线性的关系，即可以通过一个直线方程来描述这种关系。其目的是通过基于自变量的数值，解释并预测因变量。

在线性回归模型中，假设我们有一个或多个自变量 X_1，X_2，$\cdots$，X_n 和一个因变量 Y。线性回归模型的目标是找到一组回归系数 β_0，β_1，$\cdots$，β_n，使得通过这些系数的线性组合能最小化预测值与实际值之间的误差。基本的线性回归方程形式为：

$$Y = \beta_0 + \beta_1 X_1 + \beta_2 X_2 + \cdots + \beta_n X_n + \varepsilon$$

其中，β_0 是截距项，β_1，β_2，$\cdots$，β_n 是回归系数，ε 是误差项。在向量形式下，可以将线性回归表示为：

$$y = W^{\mathrm{T}} X + b$$

其中，W 是回归系数向量，X 是自变量向量，b 是截距项。

线性回归的一个重要优点是其结果具有可解释性。回归系数 W 直接表示了各个自变量对因变量的影响程度。例如，如果我们有三个自变量 X_1、X_2、X_3，对应的回归系数分别为 0.1、0.3、0.5，那么方程可以表示为：$y = b + 0.1 X_1 + 0.3 X_2 + 0.5 X_3$。

这表明 X_3 对因变量的影响最大，X_1 对因变量的影响最小。因此，线性回归具有很强的可解释性，可以帮助我们理解各个自变量的重要性。

6.2.2　线性回归的应用

线性回归被广泛应用于许多领域的预测和解释任务。以下是几个典型的应用领域：

（1）经济学：线性回归能预测经济指标，如通货膨胀率、GDP 增长率等。
（2）市场营销：线性回归能预测销售量、市场需求，评估广告效果等。
（3）金融：线性回归能预测股票价格、进行风险评估等。
（4）医学：线性回归能评估药物效果、预测疾病进展等。
（5）社会科学：线性回归能分析社会行为模式、预测人口增长等。

6.2.3　线性回归的优势

在数据科学领域中，线性回归具有诸多显著的优势，这使其成为一种广泛应用的分析方法。

首先，线性回归模型具有简单易用的特点。它的原理和结构并不复杂，无论初学者来说很容易理解。它的数学表达式直观，基于自变量和因变量之间的线性关系假设构建而成。在实际应用中，无论是统计学专业的学生还是其他领域需要进行数据分析的人员，都能快速掌握其基本原理。而且，由于其简单性，在向他人解释模型结果时也非常方便，不需要过多复杂的专业知识背景就能让相关人员明白模型所表达的内容。

其次，线性回归在处理问题时效率很高。在面对大多数实际问题时，它能够迅速得出结果。这是因为线性回归的计算过程相对简洁，不需要像一些复杂的机器学习算法那样进行大量的迭代或者复杂的参数优化。例如，在分析市场中产品价格与销售量之间的关系时，如果数据规模不是特别巨大且关系近似线性，线性回归可以在短时间内完成模型的训练和预测，快速为企业提供有价值的决策信息，帮助企业判断价格调整对销售量的影响，从而制定合理的价格策略。

最后，线性回归拥有强大的解释能力，这是它的一个关键优势。通过回归系数，我们能够清晰地解释每个自变量对因变量的影响。在一个多变量的线性回归模型中，每个自变量都有一个对应的回归系数。这个系数的值表示在其他自变量不变的情况下，该自变量每变化一个单位时因变量的变化量。比如在研究学生成绩与学习时间、睡眠时长、课外辅导等因素的关系时，学习时间的回归系数可能为正，表示学习时间每增加一个小时，学生成绩会相应提高一定的分数，这种清晰的解释性使得线性回归在需要理解变量间因果关系的场景中具有不可替代的作用。

6.2.4 线性回归的局限性

尽管线性回归有诸多应用及优点，但它也存在一定的局限性。在应用时，我们要特别注意，以免错误地使用线性回归并得到误导性的结论。当然，这些局限性是可以通过一定的技术手段克服的，这些方法很多已经超出本书的范围，建议读者继续阅读诸如《中级计量经济学》等教材。

（1）假设线性关系：线性回归假设自变量与因变量之间是线性关系，对于非线性关系的建模效果较差。这一问题可通过加入变量的平方项，或者交叉项，或者对变量进行对数变换来改进。

（2）对异常值敏感：线性回归对数据中的异常值较为敏感，可能会显著影响模型的结果。因此，我们在执行回归之前须对数据进行预处理，识别异常值并对其进行抹平处理（例如采取 Winsorization 处理）。

（3）假设自变量独立：假设自变量之间相互独立，高度相关的两个或多个自变量（也就是"多重共线性"问题）可能会影响模型的稳定性和解释力。

线性回归是一个强大且易于理解的预测分析工具，通过建立输入变量与结果变量之间的线性关系，可以帮助我们解释和预测许多实际问题。无论是在商业、金融、医学还是在社会科学领域，线性回归都发挥着重要的作用。下面将通过具体的代码示例，详细介绍如何实现和应用线性回归分析，帮助读者更好地理解和掌握这一重要的分析技术。

6.2.5　常用的回归分析算法

回归分析是一种被广泛应用于统计学和机器学习领域的关键技术，用于量化和解释变量之间的关系。随着数据科学的不断发展，回归分析方法也变得更加多样化和复杂化。

不同的回归分析算法在处理不同类型的数据和问题时具有各自的优势与适用条件。表6–1是一些常见的回归分析算法及其适用条件和描述，涵盖从传统的线性回归到现代的非线性回归方法。通过理解这些算法的适用条件和特点，我们能够选择合适的回归方法来解决实际问题，并准确地进行预测和解释变量之间的关系。

表6–1　常见的回归分析算法

算法名称	适用条件	算法描述
线性回归（Linear Regression）	输入变量和输出变量之间存在线性关系	假设自变量和因变量之间存在线性关系，通过最小化误差找到最佳拟合线
随机森林回归（Random Forest Regression）	需要提高模型的稳定性和准确性	构建多个决策树，通过对它们的预测结果进行平均，提高模型性能和稳定性
梯度提升回归（Gradient Boosting Regression）	需要高性能的回归模型	逐步构建多个弱学习器，通过加权求和不断提高预测性能，适用于各种回归任务
贝叶斯回归（Bayesian Regression）	处理不确定性和小样本数据	基于贝叶斯统计，引入先验分布和后验分布，对回归系数进行估计
支持向量回归（Support Vector Regression）	需要处理非线性关系或高维数据	基于支持向量机，通过核技巧处理线性和非线性关系的回归问题

6.3　案例：玩具销售量的分析与预测

我们继续本章开头举出的一个虚构案例。假设你是一名玩具零售企业的销售经理，负责在当地市场销售和推广各种玩具产品。为了更好地预测未来的销售量（Unit Sales），并制定有效的市场策略，你决定不仅仅依靠过去的经验和直觉，而是采用一种更科学的方法。你会对某款玩具在未来半年内的月销售量进行预测，根据过往的经验，玩具的月销售量主要依赖于以下三个关键因素（我们在数据分析中称为变量）：

（1）玩具的售价（Price）：售价是消费者决策的核心因素之一。基于基本的经济学原理以及我们的日常观察，较高的售价可能会抑制需求（降低销售量），而较低的售价可能会增加销售量。当然我们这里讨论的是普通的玩具。有一些特殊商品因为具有稀缺性和未来增值的原因，售价的上升不会影响销售量，甚至会刺激短期的销售量。例如一些限量的卡牌。这种情况不在本例的讨论范围之内。

（2）当月的广告支出（Advertising Expenditures，Adexp）：根据现实得到的结论，广

告投入能够提高产品的知名度和吸引力，进而提升销售量。在现实的商业活动中，每个企业都会给营销部门分配数额不小的广告预算，这不是没有道理的。当然广告的投入到底能带来多少好处，这一点是需要研究的。合理地分配广告预算是实现销售目标的关键。

（3）当月的促销支出（Promotional Expenditures，Promexp）：促销活动能有效刺激购买，增加销售量。注意区分促销活动和广告。常见的促销活动包括派发赠品、返优惠券等。总之，这些活动不是没有花销的。了解促销活动的效果有助于更有效地分配促销预算。

当然，在现实的销售活动中，肯定还有其他的因素可以影响货品的销售量，例如，季节性、竞争对手的行动等。但是这里我们把问题简化一下，只考虑这三个主要的因素。

为了实现科学的销售预测和市场策略优化，你决定通过线性回归分析来量化上述三个变量对销售量的影响。具体目标如下：

（1）量化各个因素对销售量的影响：是指确定每个变量对销售量的具体影响程度，帮助优化定价策略、广告预算和促销方案。

（2）预测未来的销售量：是指基于过去的数据，构建回归模型，预测未来不同情景下的销售表现，为决策提供科学依据。

（3）优化资源配置：是指通过数据驱动的决策，合理分配资源，实现销售和利润的最大化。

表 6-2 是过去 24 个月的月销售数据。那么，如何用回归分析来解决玩具销售经理的问题呢？

表 6-2　玩具销售案例数据

Month	Unit Sales	Price/ $	Adexp（'000 $）	Promexp（'000 $）
1	73 959	8.75	50.04	61.13
2	71 544	8.99	50.74	60.19
3	78 587	7.50	50.14	59.16
4	80 364	7.25	50.27	60.38
5	78 771	7.40	51.25	59.71
6	71 986	8.50	50.65	59.88
7	74 885	8.40	50.87	60.14
8	73 345	7.90	50.15	60.08
9	76 659	7.25	48.24	59.90
10	71 880	8.70	50.19	59.68
11	73 598	8.40	51.11	59.83

（续上表）

Month	Unit Sales	Price/ $	Adexp（'000 $）	Promexp（'000 $）
12	74 893	8.10	51.49	59.77
13	69 003	8.40	50.10	59.29
14	78 542	7.40	49.24	60.40
15	72 543	8.00	50.04	59.89
16	74 247	8.30	49.46	60.06
17	76 253	8.10	51.62	60.51
18	72 582	8.20	49.78	58.93
19	69 022	8.99	48.60	60.09
20	76 200	7.99	49.00	61.00
21	69 701	8.50	48.00	59.00
22	77 005	7.90	54.00	59.50
23.00	70 987	7.99	48.70	58.00
24.00	75 643	8.25	50.00	60.50

注：'000 $ 表示千美元。

下面我们将通过完成以下四个基本步骤来进行回归分析：

（1）建立回归模型；

（2）用数据拟合，估计回归模型；

（3）解释回归分析的结果；

（4）基于估计的模型进行预测。

在技术实现上，我们使用 Python 来演示这一过程。当然其他专业的统计软件（如 Stata，SPSS）或者 Excel 也可以完成这些工作。我们做好 Python 相关准备工作后，导入回归分析所需要的库，代码如下：

```
import os
#切换工作目录
os.getcwd ()    #获取当前工作目录
os.chdir ('D:\\当前目录)    #切换到数据文件所在目录
import pandas as pd
import seaborn as sns
import numpy as np
```

```
from sklearn. model_selection import train_test_split
from sklearn. linear _ model import LinearRegression, Lasso, Ridge,
LassoCV, BayesianRidge
import statsmodels. formula. api as smf
import statsmodels. api as sm
import matplotlib. pylab as plt
```

6.3.1 建模（Modeling）

根据前面的分析，我们在本例中希望用售价等几个因素来解释销售量。因此，销售量是被解释变量，也叫因变量，即在模型中其他几个因素是用来解释销售量的（也就是说，为什么某月的销售量是 7 万多美元而不是其他数值）。售价、广告支出和促销支出称为解释变量，也叫自变量。假设销售量与售价、广告支出和促销支出之间存在线性关系，因此我们选择线性回归模型。也就是说，我们要把被解释变量写成解释变量的一个线性组合。需要注意的是，在经济管理模型中，多数情况下我们用线性回归模型已经足够了。如果自变量与因变量的关系明显不是线性的，我们也可以包含平方关系或者交叉项（两个自变量的乘积），这些情况在后面的章节再讨论。

设定回归方程为：

$$Unit\ Sales = \beta_0 + \beta_1 Price + \beta_2 Adexp + \beta_3 Promexp + \varepsilon$$

我们可以对数据进行预处理和探索性分析，代码如下：

```
#读取数据
toysales_df = pd. read_csv (" ToySales. csv", index_col =" Month",
    skipfooter =4, engine = 'python')
#重命名列名以便后续使用
toysales_df = toysales_df. rename (

    columns = {" UnitSales":" Unit_Sales"," Price ($)":" Price"," Adex
    p ('000 $)":" Adexp"," Promexp ('000 $)":" Promexp"})
#数据可视化
sns. pairplot (toysales_df, kind = 'reg')    #生成变量之间的关系图，帮助
    识别变量之间的关系
# plt. show ()    #显示图表，结果如图 6 -1 所示
# print (toysales_df. corr ())    #打印相关性矩阵，结果如图 6 -2 所示，检
    查变量之间的相关性
```

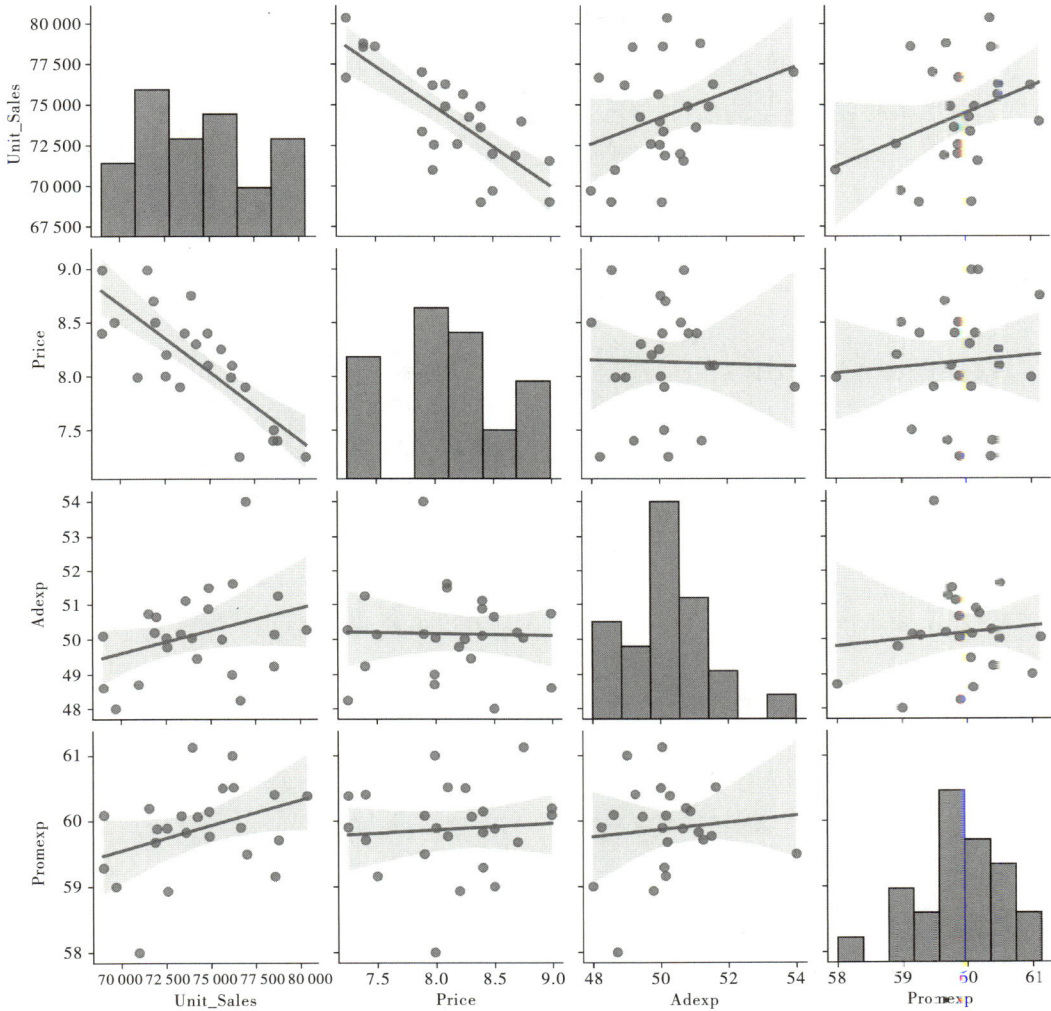

图6-1　变量之间的关系图

	Unit_Sales	Price	Adexp	Promexp
Unit_Sales	1.000000	-0.786759	0.320547	0.355050
Price	-0.786759	1.000000	-0.023577	0.074222
Adexp	0.320547	-0.023577	1.000000	0.101075
Promexp	0.355050	0.074222	0.101075	1.000000

图6-2　相关系数矩阵

6.3.2 估计（Estimation）

在第二步中，我们基于数据估计回归模型中的系数（回归模型里的系数 β_0、β_1、β_2、β_3）。就像所有的数据科学的项目一样，在这里我们也要首先进行数据获取、数据清洗和预处理。例如，去掉那些明显不对或者没用的数据，比如分析商品销售情况与售价、广告支出关系时，要处理不合理的销售量、售价数据以及缺失的数据。数值型数据的少量缺失可以用平均数补上，分类数据可以用出现最多的类别值补上，异常值也要调整。这些步骤，我们在前面的章节已经讨论过，在此不再赘述。本例中，我们使用的是已处理过的数据。

然后是选择方法来估计系数。在这里我们的目标是找一组系数，当我们把观察到的自变量（售价、广告支出和促销支出）的值代入回归模型中，得到的数值（我们称它为预测值）应尽可能接近我们观察到的实际销售量。估计的过程就是通过计算（数值计算或者公式推导）找到一组系数，使得预测值和实际值的误差最小。在这里，我们最常用的方法是"最小二乘法"。在下一节中，我们将详细介绍最小二乘法的原理。

在 Python 中，我们可以使用 scikit-learn 库中的 linear_ model 模块、LinearRegression 类或者 statsmodels 库中的模块完成。具体操作请看以下代码：

```
#使用 scikit - learn 建立线性回归模型并拟合数据
lr_model = LinearRegression ()     #创建线性回归模型实例
lr_model. fit (X = toysales_df [ [" Price", " Adexp", " Promexp"]],
    y = toysales_df [" Unit_Sales"])    #拟合模型


#输出回归系数
print (pd. DataFrame ( {" Explanatory Variables": [" Price",
    " Adexp", " Promexp"], " Coef.": lr_model. coef_}))    #显示回归
    系数


#使用 statsmodels 进行回归分析，提供更多详细的统计信息
formula = " Unit_Sales ~ Price + Adexp + Promexp"    #定义回归公式
toysales_results2 = smf. ols (formula, toysales_df). fit ()        #使用
    OLS 方法拟合模型


#输出模型总结，包含回归系数、标准误差、t 值和 p 值等详细信息
print (toysales_results2. summary ())
```

本例中，模型的估计结果如下：

$$Unit\ Sales = -25\ 096.\ 83 - 5\ 055.\ 27Price + 648.\ 61Adexp + 1\ 802.\ 61Promexp$$

6.3.3 结果解释及统计推断（Inference）

完成模型的估计之后，我们获得了回归系数的估计值，也就是得到了估计的模型。接着，我们还需要解读这些数字，理解它们的含义，并且推断其统计意义。

（1）回归系数解释：是指解释回归系数的意义，确定每个自变量对因变量的影响方向和大小。每个自变量对应的回归系数代表在其他自变量不变的前提下，该自变量每增加一个单位，因变量变化的数量。例如，售价的回归系数 β_1 为 $-5\ 055.27$，说明假设模型中其他变量保持不变，售价每增加一个单位，销售量预计会减少 $5\ 055.27$ 个单位。类似地，广告支出的回归系数 β_2 是 648.61，意味着假设模型中其他变量保持不变，广告支出每增加一个单位（这里是每一百万元），销售量预计会增加 648.61 个单位。

要特别注意的是，这里系数的解释必须是给定其他因素不变的前提下，因变量随自变量变化而发生的变化。因此，在多元回归模型中估计出的系数，反映的是已经剔除了其他相关因素后，某自变量对因变量的效应。

（2）显著性检验：是指通过 t 检验、F 检验等方法，评估回归系数的显著性，判断自变量是否对因变量有显著影响。这里的显著性是指统计上的显著性，也就是这些自变量在统计意义上是否真的对因变量有影响。关于这个统计显著性、t 检验、F 检验等概念的详细知识请参阅其他数理统计或者统计学教材。

在本例的结果汇总中，我们可以看到，对每个自变量除了显示了估计系数外，还有其他几列内容，如 t 统计量（t-statistic）和 p 值（p-value）。现在我们可以着重观察 p 值。因为，它代表了相应的系数 β_i 等于 0 的显著性水平，p 值越小意味着该系数越不可能等于 0。简而言之，因变量 y 与自变量 x_i 非常可能存在相关关系。一般情况下，我们会设置显著性水平为 0.05，也就是如果 p 值低于 0.05，我们就说该系数在 0.05 水平下显著，或者说该自变量对因变量有显著的正效应或负效应（取决于系数的符号）。

（3）模型诊断：是指检查模型假设（如线性关系、正态分布、独立同分布等）是否成立，识别多重共线性、异方差性和自相关问题。

在接下来的 Python 代码中，我们使用 statsmodels 库来进行回归拟合，其结果与 scikit-learn 得到的结果是相同的，但是 statsmodels 的结果汇报更符合统计学家的习惯。你可以看到，它非常清楚地汇报了上述的重要指标，包括标准误差、p 值等。

```
#使用 statsmodels 进行回归分析，输出模型总结
formula = " Unit_Sales ~ Price + Adexp + Promexp"    #定义回归公式
toysales_results2 = smf. ols (formula, toysales_df). fit ()    #使用
OLS 方法拟合模型

#输出模型总结，包含回归系数、标准误差、t 值和 p 值等详细信息
print (toysales_results2. summary ())    #打印回归分析结果
```

6.3.4 预测（Prediction）

在建立并估计模型之后，我们可以使用模型对相关变量进行预测。这一步的关键在于应用模型对未来的数据进行预测，并评估预测的准确性。具体步骤如下：

（1）预测值计算：是指使用估计的回归模型，输入自变量的值，计算因变量的预测值。

（2）预测区间：是指计算预测值的置信区间，量化预测的不确定性。

（3）模型评估：是指通过实际数据和预测值的比较，评估模型的预测准确性，调整模型以提高预测性能。

假设我们对未来六个月的销售量进行了三种情形的预测：

（1）情形 1：$Price = 9.10\$$，$Adexp = 52\,000\$$，$Promexp = 61\,000\$$，预测的销售量为 72 587. 31

（2）情形 2：$Price = 7.10\$$，$Adexp = 48\,000\$$，$Promexp = 57\,000\$$，预测的销售量为 72 892. 96

（3）情形 3：$Price = 8.10\$$，$Adexp = 50\,000\$$，$Promexp = 60\,000\$$，预测的销售量为 74 542. 75

首先，我们创建包含未来预测情形的数据框。下面的代码创建了一个新的 DataFrame 对象 scenario，其中包含了三个不同情形下的自变量值。这些情形用于预测未来六个月的销售量。然后，我们用模型进行预测，并返回预测结果的详细信息，包括置信区间。其中，可以使用 toysales_results2. get_prediction (scenario). summary_frame () 方法，获取每个情形下的预测值以及置信区间等详细信息。summary_frame () 表示方法返回一个包含预测结果的 DataFrame，包括预测值的置信区间，量化了预测的不确定性。最后，我们可以使用更简单的方法：如果只需要预测值而不需要详细的置信区间等信息，则可以使用 toysales_results2. predict (scenario) 方法，直接返回每个情形下的预测销售量。对应 Python 代码如下：

```
scenario = pd. DataFrame ({" Price": [9. 1, 7. 1, 8. 1], " Adexp": [52,
    48, 50], " Promexp": [61, 57, 60]})

prediction_summary =
    toysales_results2. get_prediction (scenario). summary_frame ()
print (prediction_summary)

#或者使用更简单的方法，仅返回预测值
predicted_sales = toysales_results2. predict (scenario)
print (predicted_sales)

scenario =pd. DataFrame ( {" Price": [9. 1, 7. 1,
    8. 1]," Adexp": [52, 48, 50]," Promexp": [61, 57, 60]})
toysales_results2. get_prediction (scenario). summary_frame ()
#
# toysales_results2. predict (scenario)
```

summary_frame（）运行结果如图 6-3 所示。

	mean	mean_se	mean_ci_lower	mean_ci_upper	obs_ci_lower	obs_ci_upper
0	72587.310915	783.609113	70952.730948	74221.890883	69465.672472	75708.949358
1	72892.958262	1287.437409	70207.410886	75578.505638	69113.416013	76672.500510
2	74542.745545	268.128637	73983.439008	75102.052082	71825.099743	77260.391346

图 6-3　summary_frame（）的运行结果

通过以上步骤，玩具销售经理可以利用回归分析的方法，建立模型、估计参数、进行推断、做出预测，从而解决其对未来销售量的困惑。通过科学的数据分析和建模方法，玩具销售经理可以更好地理解销售量与售价、广告支出和促销支出之间的关系，从而做出更有依据的商业决策。

6.4　求解线性回归问题的方法

6.4.1　参数的最小二乘估计

根据两个相关变量之间的线性关系建立的回归方程称为一元线性回归方程，也称简单线性回归方程。其中，一个变量称为因变量，是被解释的变量，一般用 y 表示；另一个变量称为自变量，是用来解释因变量的，一般用 x 表示。一元线性回归方程的表达式为：

$$\hat{y} = a + bx$$

其中，x 为自变量的实际观察值；$\hat{y}$ 为因变量的估计值；a 为常数项，是回归直线在 y 轴上的截距，即当 x 为 0 时 y 的估计值；b 为回归系数，是回归直线的斜率，表示 x 每变动一个单位 y 的平均变动量（见图6-4）。

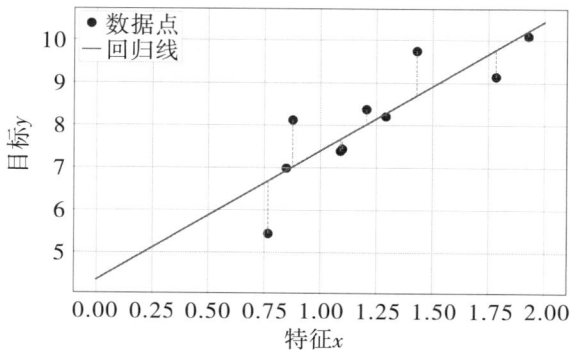

图 6-4　最小二乘法示意图

给定一组观测数据 $(x_1, y_1), (x_2, y_2), \cdots, (x_n, y_n)$，我们希望找到回归直线 $\hat{y} = a + bx$，使得所有点到这条直线的垂直距离的平方和最小。目标是最小化以下误差平方和：

$$Q = \sum_{i=1}^{n} (y_i - \hat{y}_i)^2 = \sum_{i=1}^{n} [y_i - (a + bx_i)]^2$$

为了找到最优的 a 和 b，我们对 a 和 b 求导并设其为零。

对 a 求导并设其为零：

$$\frac{\partial Q}{\partial a} = -2\sum_{i=1}^{n} (y_i - a - bx_i) = 0$$

对 b 求导并设其为零：

$$\frac{\partial Q}{\partial b} = -2\sum_{i=1}^{n} x_i(y_i - a - bx_i) = 0$$

解这两个方程，我们得到：

$$\sum_{i=1}^{n} y_i = na + b\sum_{i=1}^{n} x_i$$

$$\sum_{i=1}^{n} x_i y_i = a\sum_{i=1}^{n} x_i + b\sum_{i=1}^{n} x_i^2$$

解这组方程，我们得到 a 和 b 的估计公式：

$$b = \frac{n\sum_{i=1}^{n}x_iy_i - \sum_{i=1}^{n}x_i\sum_{i=1}^{n}y_i}{n\sum_{i=1}^{n}x_i^2 - (\sum_{i=1}^{n}x_i)^2}$$

$$a = \bar{y} - b\bar{x}$$

其中，$\bar{x}$ 和 $\bar{y}$ 分别是 x 和 y 的平均值。

通过这些公式，我们可以根据观测数据计算出回归直线的参数 a 和 b，从而进行预测和分析。我们可以找到最优的 a 和 b，使回归直线尽可能接近观测数据，以最小化 Q，这就是最小二乘法的核心思想。

6.4.2 多元线性回归

多元线性回归模型扩展了一元线性回归模型的概念，通过考虑多个自变量来预测因变量，其一般形式为：

$$\hat{y} = a + b_1x_1 + b_2x_2 + \cdots + b_kx_k$$

其中，$\hat{y}$ 是预测的因变量值；a 是截距；b_1，b_2，b_3，$\cdots$，b_k 是各自对应的变量 x_1，x_2，x_3，$\cdots$，x_k 的回归系数。

给定一组观测数据 x_{x1}，x_{x2}，$\cdots$，x_{ik}，y_i，我们希望找到回归线，使得所有点到这条直线的垂直距离的平方和最小。目标是最小化以下误差平方和：

$$Q = \sum_{i=1}^{n}(y_i - \hat{y}_i)^2 = \sum_{i=1}^{n}\left[y_i - \left(a + \sum_{j=1}^{k}b_jx_{ij}\right)\right]^2$$

为了找到最优的 a 和 b（即最小化 Q），我们对 a 和 b_j 分别求偏导并设其为零：

对 a 求偏导并设其为零：

$$\frac{\partial Q}{\partial a} = -2\sum_{i=1}^{n}\left(y_i - a - \sum_{j=1}^{k}b_jx_{ij}\right) = 0$$

对 b_j 求偏导并设其为零：

$$\frac{\partial Q}{\partial b_j} = -2\sum_{i=1}^{n}\left(y_i - a - \sum_{j=1}^{k}b_jx_{ij}\right)x_{ij} = 0$$

通过解上述方程组，我们可以得到 a 和 b 的估计公式。

最终，通过求解这些方程，我们可以得到回归系数的估计值 $\hat{a}$ 和 $\hat{b}$：

$$\hat{a} = \frac{\sum_{i=1}^{n}\left(y_i - \sum_{i=1}^{n}x_i^2 - x_i\sum_{i=1}^{n}x_iy_i\right)}{n\sum_{i=1}^{n}x_i^2 - \left(\sum_{i=1}^{n}x_i\right)^2}$$

$$\hat{b} = \frac{n\sum_{i=1}^{n}x_iy_i - \sum_{i=1}^{n}x_i\sum_{i=1}^{n}y_i}{n\sum_{i=1}^{n}x_i^2 - \left(\sum_{i=1}^{n}x_i\right)^2}$$

多元线性回归分析通过最小二乘法估计模型参数，能够有效地预测和解释多个自变量对因变量的影响。在实际应用中，这种方法被广泛用于经济学、市场分析、社会科学和其他领域。

6.4.3 回归后的分析

在进行回归分析后，重要的是评估模型的效果和可靠性。以下列举部分可以帮助我们进行回归后分析的指标和方法：

1. 拟合的效果 —— 判定系数 R^2

判定系数 R^2 是衡量回归模型好坏的重要指标，它的取值在 0 到 1 之间。它表示自变量 x 能解释因变量 y 变异的比例。R^2 越接近 1，说明模型对数据的拟合程度越好，如图 6 - 5 所示。

Dep. Variable:	Unit_Sales	R-squared:	0.859
Model:	OLS	Adj. R-squared:	0.838
Method:	Least Squares	F-statistic:	40.56
Date:	Thu, 18 Apr 2024	Prob (F-statistic):	1.08e-08
Time:	22:59:53	Log-Likelihood:	-203.48
No. Observations:	24	AIC:	415.0
Df Residuals:	20	BIC:	419.7
Df Model:	3		
Covariance Type:	nonrobust		

图 6 - 5 回归分析的输出结果摘要

这个结果表明，在因变量的变化（也就是 y 的方差）里面，有 85.9% 可由自变量的变化解释，或由该线性模型解释。其余 14.1% 的方差无法用模型解释，我们一般认为是随机误差，也有可能是模型中存在遗漏变量，也就是有些因素能够解释因变量的变化，但是没有被包括在模型的自变量里。

2. 相关关系的显著性 —— p 值

p 值用于检验回归系数是否显著。当 p 值小于预设的显著性水平（通常为 0.05 或 0.01）时，我们认为对应的回归系数在统计上显著，即该自变量对因变量有显著影响，如表 6 - 3 所示。

表 6-3　各个自变量的 p 值及意义

自变量的 p 值	意义
Price（$）的 p 值	为 6.22×10^{-9}，远小于 0.05，说明售价变量对因变量有显著影响
Adexp（'000 $）的 p 值	为 0.005 602，小于 0.05，说明广告支出变量对因变量有显著影响
Promexp（'000 $）的 p 值	为 0.000 178，小于 0.05，说明促销支出变量对因变量有显著影响
截距（Intercept）的 p 值	为 0.324 773，大于 0.05，说明截距在统计上不显著

这些结果表明，售价、广告支出和促销支出对因变量的影响在统计上是显著的（见图 6-6）。

	coef	std err	t	P>|t|	[0.025	0.975]
Intercept	-2.51e+04	2.49e+04	-1.010	0.325	-7.7e+04	2.68e+04
Price	-5055.2699	526.400	-9.603	0.000	-6153.320	-3957.220
Adexp	648.6121	209.005	3.103	0.006	212.636	1084.589
Promexp	1802.6110	392.849	4.589	0.000	983.143	2622.079

图 6-6　回归模型的回归系数表

3.　预测的准确性

正如上文所述，我们用线性回归模型解释因变量，除了要定量各自变量对因变量的影响，还要利用这个模型对因变量进行预测。预测的准确性可以通过以下几种方法评估：

（1）均方误差（Mean Squared Error，MSE）：用于衡量预测值与真实值之间的平均平方误差。

（2）均方根误差（Root Mean Squared Error，RMSE）：是 MSE 的平方根，反映预测值与真实值之间的平均误差。

（3）平均绝对误差（Mean Absolute Error，MAE）：用于衡量预测值与真实值之间的平均绝对误差。

4.　总结与误差分析

回归分析是一个一定存在误差的过程，包括残差和误差。误差的来源主要有：

（1）遗漏的自变量：在构建回归模型时，常常会出现遗漏重要自变量的情况，这是误差产生的一个关键来源。现实世界中的现象往往受到多个因素的综合影响。例如，在预测房屋价格时，我们可能会考虑房屋面积、房龄等因素，但可能遗漏了周边学校质量这一重要因素。如果模型中没有包含周边学校质量这个自变量，而实际上它对房屋价格有着显著的影响，那么模型所做出的预测就会产生误差。虽然模型中已有的自变量（如房屋面积和房龄）与房屋价格之间存在某种关系，但由于缺少了这个关键自变量，模型无法完全准确地捕捉价格的变化，从而导致预测值和实际值之间存在偏差。这种遗漏自变量的情况可能是研究者对问题领域的认识不足，或者数据获取受制等原因造成的。

（2）y 变量与 x 变量之间的函数关系：回归模型是基于对变量之间函数关系的假设而建立的，然而，这种假设的模型形式可能并不完全符合实际情况，进而导致误差。例如，我们在分析销售额与广告投入的关系时，可能最初假设它们之间是简单的线性关系。但在实际中，销售额与广告投入可能存在更复杂的关系，比如在广告投入较低时，销售额随广告投入增加呈线性增长，但当广告投入超过一定阈值后，销售额的增长可能会呈现出非线性的加速或减速趋势。如果我们仅仅使用简单的线性回归模型，就无法准确地描述这种复杂的关系，模型预测的销售额就会与实际销售额存在差异。这种因函数关系假设不准确而产生的误差，在很多实际应用场景中都可能出现，需要我们谨慎地选择和验证模型形式。

（3）回归分析理论本身的假设：回归分析理论是建立在一些假设基础之上的，其中一个重要假设就是误差项服从正态分布。但在实际应用中，这一假设往往很难完全满足。例如，在一些金融市场数据的分析中，由于市场受到突发重大事件（如金融危机、政治动荡等）的影响，数据可能会呈现尖峰厚尾的特征，这与正态分布的假设相差甚远。当误差项不满足正态分布假设时，基于回归分析得到的结果可能会出现偏差。比如，模型的参数估计可能不再具有最优的统计性质，置信区间的计算也可能不准确，从而影响我们对模型的解释和预测。这种由于理论假设与实际情况不符所带来的误差，提醒我们在使用回归分析时需要对数据的分布特征进行充分的检验和分析，必要时需要采用一些更稳健的方法来处理数据。

回归后的分析不仅有助于评估模型的拟合程度，还能帮助我们理解模型的可靠性和预测能力。通过对判定系数 R^2、p 值、预测准确性和误差来源的分析，我们可以更加全面地评估回归模型的有效性，并为进一步改进模型提供依据。

6.5 案例：波士顿（Boston）房价回归分析

下面我们尝试引入 Boston 房产数据集来进行回归分析，旨在评估多个自变量对房价的影响。Boston 房产数据集是一个经典的数据集，被广泛用于统计和机器学习的教学与研究。本案例中的自变量包括犯罪率（CRIM）、住宅用地比例（ZN）、非零售商业用地比例（INDUS）、是否邻近查尔斯河（CHAS）、氮氧化物浓度（NOX）、平均房间数（RM）、房龄（AGE）、到波士顿五个中心区域的加权距离（DIS）、高速公路可达性指数（RAD）、房产税率（TAX）、师生比（PTRATIO）、低收入人群比例（LSTAT）等；因变量为中位数房价（MEDV）。数据集包含了 506 个观测值和 14 个变量。我们将使用前 12 个变量作为自变量，MEDV 作为因变量（见图 6 – 7）。

	CRIM	ZN	INDUS	CHAS	NOX	RM	AGE	DIS	RAD	TAX	PTRATIO	LSTAT	MEDV	CAT_MEDV
0	0.00632	18.0	2.31	0	0.538	6.575	65.2	4.0900	1	296	15.3	4.98	24.0	0
1	0.02731	0.0	7.07	0	0.469	6.421	78.9	4.9671	2	242	17.8	9.14	21.6	0
2	0.02729	0.0	7.07	0	0.469	7.185	61.1	4.9671	2	242	17.8	4.03	34.7	1
3	0.03237	0.0	2.18	0	0.458	6.998	45.8	6.0622	3	222	18.7	2.94	33.4	1
4	0.06905	0.0	2.18	0	0.458	7.147	54.2	6.0622	3	222	18.7	5.33	36.2	1

图 6 - 7   Boston 房产数据集（部分）

对应的 Python 代码如下：

```
import pandas as pd
import statsmodels. api as sm
#加载数据
housing_df = pd. read_csv (" Data/BostonHousing. csv")
#重命名列
housing_df = housing_df. rename (columns = {'CAT.
    MEDV': 'CAT_MEDV'})
#显示前几行数据
print (housing_df. head ())


#查看数据形状
print (housing_df. shape)


#将前12列作为自变量，并将它们存储在列表中。


#定义自变量
X_variables = list (housing_df. columns [: 12])
print (X_variables)
```

我们使用 statsmodels 库中的 OLS 类进行回归拟合，首先添加常数项，然后拟合回归模型，并输出回归结果摘要。代码如下：

```
#添加常数项
X_housing = sm. add_constant (housing_df [X_variables])
#回归拟合
housing_result = sm. OLS (housing_df ["MEDV"], X_housing) . fit ()
#输出回归结果摘要
print (housing_result. summary ())
```

最终输出结果如图 6 – 8、图 6 – 9 所示。

Dep. Variable:	MEDV	R-squared:	0.734
Model:	OLS	Adj. R-squared:	0.728
Method:	Least Squares	F-statistic:	113.5
Date:	Fri, 19 Apr 2024	Prob (F-statistic):	2.23e-133
Time:	10:30:48	Log-Likelihood:	-1504.9
No. Observations:	506	AIC:	3036.
Df Residuals:	493	BIC:	3091.
Df Model:	12		
Covariance Type:	nonrobust		

图 6 – 8　OLS 回归结果摘要

	coef	std err	t	P>|t|	[0.025	0.975]
const	41.6173	4.936	8.431	0.000	31.919	51.316
CRIM	-0.1214	0.033	-3.678	0.000	-0.186	-0.057
ZN	0.0470	0.014	3.384	0.001	0.020	0.074
INDUS	0.0135	0.062	0.217	0.829	-0.109	0.136
CHAS	2.8400	0.870	3.264	0.001	1.131	4.549
NOX	-18.7580	3.851	-4.870	0.000	-26.325	-11.191
RM	3.6581	0.420	8.705	0.000	2.832	4.484
AGE	0.0036	0.013	0.271	0.787	-0.023	0.030
DIS	-1.4908	0.202	-7.394	0.000	-1.887	-1.095
RAD	0.2894	0.067	4.325	0.000	0.158	0.421
TAX	-0.0127	0.004	-3.337	0.001	-0.020	-0.005
PTRATIO	-0.9375	0.132	-7.091	0.000	-1.197	-0.678
LSTAT	-0.5520	0.051	-10.897	0.000	-0.652	-0.452

图 6 – 9　回归系数和显著性检验

6.6　拓展：回归分析的高级应用与技术

6.6.1　多元回归中的非线性关系

在实际数据分析中，线性回归模型有时难以精准刻画变量间的复杂关系，非线性关系的存在促使我们采用多元回归模型进行更深入的探索。例如，在经济学领域研究经济增长与投资、劳动力投入之间的关系时，我们发现随着投资规模的不断扩大，其对经济增长的推动作用并非呈现简单的线性增长趋势。当投资处于较低水平时，每增加一单位投资可能带来较大幅度的经济增长；然而，当投资达到一定规模后，由于边际收益递减规律，继续增加投资对经济增长的促进效果逐渐减弱。在这种情况下，我们可考虑在回归模型中加入投资变量的高次项，如设经济增长为 y，投资为 x，劳动力投入为 z，模型可表示为 $y = \beta_0 + \beta_1 x + \beta_2 x^2 + \beta_3 z$。

此外，自变量之间还可能存在交互作用，这在经济学研究中具有重要意义。以税收政策和企业研发投入对企业利润的影响为例，税收政策（x_1）作为一个调节变量，会影响企业研发投入（x_2）与企业利润（y）之间的关系。当税收政策较为宽松（如给予研发税收优惠，x_1 取值较小）时，企业研发投入的增加可能会对利润产生较大的正向影响。因为企业在较低的税负下，能够将更多的资金用于研发，从而提高生产效率、降低成本或推出更具竞争力的产品，进而显著提升利润。反之，当税收政策较为严格（x_1 取值较大）时，企业研发投入增加对利润的提升作用可能会受到一定限制。因为高税负可能压缩了企业用于其他方面（如市场推广、设备更新等）的资金，使得研发投入转化为利润的效率降低。这种交互作用可以通过在回归模型中添加交互项 $x_1 x_2$ 来捕捉，模型变为 $y = \beta_0 + \beta_1 x_1 + \beta_2 x_2 + \beta_3 x_1 x_2$。通过分析交互项的系数 β_3，我们可以深入了解税收政策如何调节企业研发投入对利润的影响程度，为政策制定者和企业管理者提供决策依据。

6.6.2　变量的对数变换

在回归分析中，对变量进行对数变换是一种常用的处理手段，它能够有效改善数据的分布特征，使模型更好地拟合数据并满足线性回归的假设条件。例如，在分析居民收入与消费支出的关系时，数据往往呈现出右偏态分布，即高收入人群相对较少，但收入数值较大，这可能导致线性回归模型的误差项不满足正态分布假设，从而影响模型的准确性和有效性。此时，对收入变量 x 和消费支出变量 y 分别取对数，得到 $\ln x$ 和 $\ln y$，然后建立回归模型 $\ln y = \beta_0 + \beta_1 \ln x + \varepsilon$。

对数变换具有诸多优点。第一，它可以将非线性关系转化为近似线性关系。例如，在经济增长理论中，生产函数常呈现出规模报酬递减或递增的非线性特征。通过对产出、资本和劳动力等变量取对数后建立回归模型，我们能够更方便地分析各生产要素与产出之间的弹性关系，即各要素变化一定比例时产出的变化比例。第二，对数变换有助于稳定数据的方差。在一些经济数据中，变量的方差可能随着其均值的增加而增大，对数变换能够使方差相对稳定，满足同方差性假设，提高模型参数估计的准确性。第三，对数变换后的系数具有直观的经济意义，可解释为弹性系数。例如，在上述消费支出与收入的回归模型中，β_1 表示收入的弹性，即收入每变化 1%，消费支出平均变化 β_1%。

6.6.3 回归模型中的分类变量处理

在回归分析中，我们经常会遇到分类变量，如性别（男、女）、教育程度（小学、初中、高中、大学等）、地区（东部、中部、西部等）等。由于回归模型要求自变量为数值型，因此我们需要将分类变量转换为数值形式，通常采用生成虚拟变量（Dummy Variable）的方法。

以研究员工工资与学历、工作经验和性别之间的关系为例，学历可分为本科、硕士和博士三个类别，我们将其转换为两个虚拟变量 D_1 和 D_2。当学历为本科时，$D_1 = 0$，$D_2 = 0$；当学历为硕士时，$D_1 = 1$，$D_2 = 0$；当学历为博士时，$D_1 = 0$，$D_2 = 1$。这样，原本的分类变量学历就可以用这两个虚拟变量表示，并纳入回归模型中。

在 Python 中，使用 pandas 库可以方便地实现分类变量转换为虚拟变量的操作。假设我们有一个包含员工信息的数据框 df，其中 education 列表示学历，gender 列表示性别，代码如下：

```
import pandas as pd

#将学历列转换为虚拟变量
df_education_dummies = pd. get_dummies (df ['education'],
    prefix = 'education')
df = pd. concat ( [df, df_education_dummies], axis =1)

#将性别列转换为虚拟变量（假设性别列中 male 表示男性，female 表示女性）
df ['gender_dummy'] = (df ['gender'] == 'male'). astype (int)
```

通过这种方式，我们可以将分类变量成功转换为虚拟变量，并应用于回归分析中，从而更准确地研究分类变量对因变量的影响。

6.6.4 多重共线性问题

在多元回归分析中，多重共线性是一个需要重点关注的问题，它指的是自变量之间存在高度相关性。这种相关性会导致回归系数的不稳定，使其估计值的准确性和可靠性大打折扣，同时给模型的解释带来极大困难。

例如，在研究企业生产成本时，我们选取原材料价格 x_1、劳动力成本 x_2、能源价格 x_3 等作为自变量来预测总成本 y。在实际经济环境中，原材料价格与能源价格往往存在一定的关联趋势，劳动力成本也可能与原材料价格存在某种协同变动关系，这就容易引发多重共线性。当出现多重共线性时，回归系数会变得不稳定，其估计值的准确性和可靠性大打折扣，进而导致模型解释变得困难。比如，原本单独分析劳动力成本对总成本的影响时，可能得出其具有显著正向影响的结论，但由于多重共线性的干扰，在包含其他相关自变量的模型中，劳动力成本的回归系数可能变得不合理，甚至出现与预期相反的符号，使我们难以正确判断其真实的影响程度。

判断和检测多重共线性问题可以采用多种方法。除了直接观察各个自变量两两之间的相关系数（一般认为相关系数绝对值大于 0.7 时可能存在多重共线性问题）外，还可以计算方差膨胀因子（Variance Inflation Factor，VIF）。VIF 的计算公式为 $VIF_i = \frac{1}{1 - R_i^2}$，其中 R_i^2 是第 i 个自变量对其余自变量进行回归得到的决定系数。当 VIF 值大于 10 时，我们通常认为存在严重的多重共线性问题。在 Python 中，我们可以使用 statsmodels.stats.outliers_influence 模块中的 variance_inflation_factor 函数来计算 VIF 值。示例代码如下：

```python
import statsmodels.api as sm
from statsmodels.stats.outliers_influence import
variance_inflation_factor

#假设 X 是包含自变量的矩阵（已经添加了常数项）
X = sm.add_constant(X)

#计算每个自变量的 VIF 值
vif = [variance_inflation_factor(X.values, i) for i in
    range(X.shape[1])]
print(vif)
```

一旦发现多重共线性问题，我们可采取以下措施应对：一是删除高相关的自变量，但这需要谨慎权衡，确保其删除后不会丢失关键信息；二是运用正则化方法，如岭回归（Ridge Regression）和套索回归（Lasso Regression）。以岭回归为例，其通过在损失函数中加入正则项（惩罚项），对回归系数进行"收缩"，从而降低系数的方差，使模型更加稳定。在 Python 中，使用 sklearn.linear_model 中的 Ridge 类实现岭回归的关键代码如下：

```
from sklearn. linear_model import Ridge

#创建岭回归模型对象, 设置正则化参数 alpha
ridge_model = Ridge (alpha =1. 0)

#使用训练数据拟合模型
ridge_model. fit (X_train, y_train)

#预测新数据
y_pred = ridge_model. predict (X_test)
```

6.6.5   时间序列回归

在处理诸如股票价格、产品销售量这类时间序列数据的预测问题时, 回归分析与时间序列分析方法的结合可谓相得益彰。以某电子产品的月销售量预测为例, 其销售量呈现出明显的季节性波动, 同时还受到前期销售量以及宏观经济环境等因素的影响。

我们可以运用自回归模型（AR）来捕捉销售量与其自身过去值之间的依赖关系。假设当前月销售量 y_t 与前 p 个月的销售量 y_{t-1}, y_{t-2}, $\cdots$, y_{t-p} 相关, 模型可表示为 $y_t = \beta_0 + \beta_1 y_{t-1} + \beta_2 y_{t-2} + \cdots + \beta_p y_{t-p} + \varepsilon_t$, 其中 ε_t 为误差项。

移动平均模型（MA）则侧重于利用过去若干期的随机误差项来预测当前值, 比如 $y_t = \mu + \theta_1 \varepsilon_{t-1} + \theta_2 \varepsilon_{t-2} + \cdots + \theta_q \varepsilon_{t-q} + \varepsilon_t$, 其中 μ 为均值, θ_q 为移动平均系数。

而季节性 ARIMA 模型（Seasonal ARIMA, SARIMA）综合考虑了自回归、移动平均以及季节性因素。例如, 对于具有季度季节性的产品销售量数据, 模型可以设定为 SARIMA (p,d,q) (P,D,Q) s, 其中 p、d、q 分别为非季节性自回归阶数、非季节性差分阶数、非季节性移动平均阶数, P、D、Q 分别为季节性自回归阶数、季节性差分阶数、季节性移动平均阶数, s 为季节周期（如季度数据 $s=4$）。

在 Python 中, 使用 statsmodels. tsa. arima_model 中的 ARIMA 类进行时间序列回归分析的关键步骤如下（以 ARIMA 模型为例, SARIMA 模型类似）:

```
from statsmodels. tsa. arima_model import ARIMA

# 假设已经将时间序列数据存储在 ts_data 中, 设置 ARIMA 模型的阶数
model = ARIMA (ts_data, order = (p, d, q))
```

```
#拟合模型
results = model. fit ()

#进行预测
forecast = results. forecast (steps = h)    # h 为预测步数
```

6.6.6　回归树与集成方法

回归树（Regression Tree）提供了一种直观且有效的非线性回归建模方式。例如在预测房价时，房屋的特征如面积、房间数量、房龄、周边配套设施等均可作为自变量。回归树通过递归地对数据进行分割，构建出类似树状的结构模型。从树根开始，根据某个特征（如面积）的取值将数据分为不同子集，每个子集再根据其他特征（如房间数量）进一步细分，直到满足某个停止条件（如子集内样本数量过少或达到预设深度）。在每个分割节点上，选择使子集中因变量（房价）方差最小的特征和分割点。

集成方法则是将多个回归树组合起来，以提升预测性能。随机森林回归（Random Forest Regression）就是一种典型的集成方法。它通过随机有放回地从原始数据中抽取多个样本集，对每个样本集构建一棵回归树，然后综合这些回归树的预测结果。比如在预测农作物产量时，随机森林回归可以综合考虑土壤肥力、降雨量、气温、施肥量等多个因素。在 Python 中，使用 sklearn. ensemble 中的 RandomForestRegressor 类实现随机森林回归的关键代码如下：

```
from sklearn. ensemble import RandomForestRegressor

#创建随机森林回归模型对象，设置树的数量 n_estimators 等参数
rf_model = RandomForestRegressor (n_estimators = 100)

#使用训练数据拟合模型
rf_model. fit (X_train, y_train)

#预测新数据
y_pred = rf_model. predict (X_test)
```

梯度提升回归（Gradient Boosting Regression）则是通过迭代地训练回归树，即每棵树都试图修正前一棵树的预测误差，逐步提升模型性能。在金融风险预测领域，梯度提

升回归可以有效整合多个风险指标（如负债率、流动比率、利润率等）来预测企业的违约风险。在 Python 中，实现梯度提升回归（使用 sklearn. ensemble 中的 GradientBoosting Regressor 类）的关键代码如下：

```
from sklearn. ensemble import GradientBoostingRegressor
#创建梯度提升回归模型对象，设置学习率 learning_rate 等参数
gb_model = GradientBoostingRegressor (learning_rate =0. 1)

#使用训练代码如下：

#使用训练数据拟合模型
gb_model. fit (X_train, y_train)

#预测新数据
y_pred = gb_model. predict (X_test)
```

这些高级应用与技术极大地拓展了回归分析的能力边界，使其能够更好地应对复杂多变的实际问题，为各领域的数据分析和决策提供更强大的支持。无论是在经济学、商业管理、金融领域，还是在其他众多需要数据分析的领域，合理运用这些技术都有助于深入挖掘数据背后的规律，做出更为科学、精准的决策。例如，企业在制定营销策略时，可以利用回归树和集成方法分析市场数据，预测不同营销活动对产品销售的影响；政府部门在制定宏观经济政策时，通过多元回归中的非线性关系和时间序列回归分析经济数据，评估政策效果，并进行前瞻性预测。总之，掌握这些回归分析的高级应用与技术对于提升数据分析能力和解决实际问题具有重要意义。

本章小结

回归分析作为数据科学和统计学的关键技术，在多领域被广泛应用，对基于数据的决策意义重大。通过学习回归分析，我们能够量化变量关系，为解决实际问题提供有力支持。

回归分析旨在对输入变量（自变量）与连续的结果变量（因变量）间的关系进行建模，通过寻找回归系数，最小化预测值与实际值的误差。线性回归模型简单易用、计算高效且解释性强，但其假设自变量与因变量呈线性关系，对异常值敏感且要求自变量相互独立。回归分析的应用范围广泛，涵盖多种算法，不同算法适用于不同的数据和问题场景。

　　在本章中，我们通过实际案例，如玩具销售和波士顿房价分析，学习了如何依照建立模型、估计参数、解释结果、进行预测的步骤展开回归分析。我们通过数据拟合确定回归系数，解释其意义并进行显著性检验，评估模型假设是否成立，进而利用模型预测并评估准确性。同时，回归后的分析至关重要，判定系数 R^2 衡量模型拟合优度，p 值检验回归系数显著性，均方误差、均方根误差和平均绝对误差评估预测准确性。此外，我们还需分析误差来源以改进模型。

　　回归分析还有诸多高级应用与技术。高次项或交互项可在处理非线性关系时被添加；对数变换能改善数据分布、稳定方差并使系数具有弹性解释；分类变量通过生成虚拟变量被纳入模型；多重共线性问题可借助相关系数、方差膨胀因子进行判断，采取删除变量或正则化方法应对；时间序列回归结合自回归、移动平均等模型预测时间序列数据；回归树与集成方法（如随机森林回归、梯度提升回归）为非线性回归建模提供有效方法。这些技术拓展了回归分析的应用范围，助力各领域深入挖掘数据价值，做出更科学精准的决策。

7 逻辑回归

本章聚焦于逻辑回归这一重要的数据科学方法。首先介绍逻辑回归的引入背景，阐述其在处理离散型因变量方面相较于线性回归的优势及必要性；接着深入剖析逻辑回归的原理，包括模型假设、似然函数与参数估计以及模型系数的解释意义；然后详细描述逻辑回归的拟合求解过程，涵盖数据导入与预处理、模型拟合、预测与评估等环节；随后通过全能银行（Universal Bank）个人贷款业务和鸢尾花分类等实际案例，展示逻辑回归在不同场景下的应用及分析步骤；最后探讨多类型分类问题中逻辑回归的处理方式，为读者全面理解和应用逻辑回归提供坚实的理论基础和实践指导。

7.1 逻辑回归的引入

在数据科学领域，回归分析是一种强大的工具，用于揭示变量之间的关系并进行预测。线性回归作为回归分析的重要分支，在处理自变量与因变量均为连续变量且呈现线性关系时表现出色。它基于这样的假设：随着自变量的变化，因变量会以恒定的速率相应地线性变化，从而通过最小二乘法等方法拟合出一条最佳直线来描述这种关系。然而，在实际应用场景中，我们经常会遇到因变量为离散变量的情况。例如，在医学诊断领域，判断患者是否患有某种疾病，结果只能是"是"（患病）或"否"（未患病）；在金融领域，预测客户是否会违约，也是一个二分类问题；在市场营销中，分析消费者是否会购买某个产品，同样是离散的决策。对于这些因变量为离散型的情况，线性回归模型就显得力不从心。因为线性回归模型输出的是连续的数值，无法直接对应离散的类别，而且其假设和方法并不适用于分类问题的本质特征。在这种背景下，逻辑回归应运而生，它专门用于处理因变量为离散型（特别是二分类或多分类）的情况，为我们提供了一种更为合适且有效的分析和预测工具。

7.1.1 逻辑回归的应用场景

逻辑回归在众多领域中都发挥着至关重要的作用，其应用场景极为广泛。在金融领域，对于银行来说，预测客户是否会违约是风险管理的关键任务之一。银行可以收集客户的各种信息，如收入水平、信用评分、负债情况、贷款期限等作为自变量，客户是否会违约（是/否）作为因变量。逻辑回归能够帮助银行评估每个客户违约的可能性，从而合理决定是否批准贷款申请、确定贷款额度和利率等，有效降低信贷风险。在市场营销方面，企业常常希望预测消费者是否会购买某产品。此时，消费者的年龄、性别、收入水平、消费习惯（如购买频率、品牌偏好等）、对广告曝光的关注度等因素可作为自变量，而购买决策（购买/不购买）则是因变量。通过逻辑回归分析，企业可以更好地了解不同消费者群体对产品的购买倾向，针对性地制定营销策略，提高营销效果和资源利用效率。在社会科学研究中，逻辑回归也有着丰富的应用。例如，在分析选民的投票倾向时，研究者可以将选民的年龄、性别、教育程度、政治立场、经济状况以及对候选人政策主张的了解程度等作为自变量，选民（是/否）投票给某个候选人作为因变量。这有助于政治分析家预测选举结果，理解选民行为背后的驱动因素，为政治决策和竞选策略提供参考依据。此外，在教育领域，为预测学生是否能够通过考试，教育行业分析师可将学生的平时成绩、学习时间、课堂参与度、课程难度等作为自变量，考试通过与否作为因变量，帮助教育工作者提前识别可能面临困难的学生，以便提供及时的辅导和支持。

7.1.2　逻辑回归的基本思路

逻辑回归的基本思路是将自变量的线性组合通过一个非线性的逻辑函数（Logistic Function）进行转换，从而得到因变量属于某个类别的概率。这个逻辑函数通常选用 Sigmoid 函数，其表达式为 $g(t) = \dfrac{1}{1+e^{-z}}$，其中 z 是自变量的线性组合（例如 $z = \beta_0 + \beta_1 x_1 + \beta_2 x_2 + \cdots + \beta_n x_n$）。Sigmoid 函数具有独特的性质，其输出值范围在 0 到 1 之间，这使得我们能够将其解释为概率（见图 7-1）。当概率大于某个阈值（通常设定为 0.5）时，我们可以将其预测为某一类（例如类别 1）；当概率小于该阈值时，则将其预测为另一类（例如类别 0）。这样，逻辑回归就巧妙地将原本可能是线性的关系转化为适用二分类问题的概率预测形式。

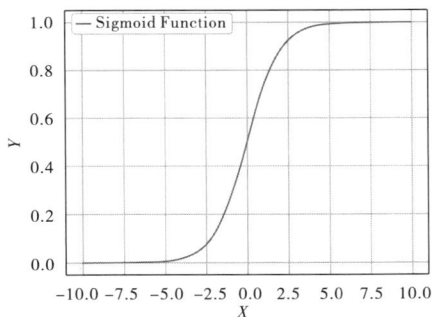

图 7-1　Sigmoid 函数曲线

例如，在预测消费者购买某产品的场景中，假设我们有两个自变量，分别是消费者的月收入 x_1 和对该产品的广告印象分数 x_2，逻辑回归模型可能假设购买概率 $P(y=1)$（$y=1$ 表示购买，$y=0$ 表示不购买）与这两个自变量的关系为 $P(y=1) =$

$\dfrac{1}{1+\mathrm{e}^{-(\beta_0+\beta_1 x_1+\beta_2 x_2)}}$。通过估计 β_0、β_1 和 β_2 等参数，我们可以根据不同消费者的月收入和广告印象分数计算出他们购买该产品的概率。从机器学习的角度看，逻辑回归属于一种有监督学习算法。在有监督学习中，我们有一组已知输入（自变量）和对应输出（因变量）的数据，模型通过学习这些数据中的模式和关系来建立预测模型。对于逻辑回归，训练数据包含了自变量的值以及对应的离散类别标签（如患病/未患病、购买/不购买等）。模型的目标是找到最佳的参数值，使得给定自变量的预测的类别概率尽可能接近实际的类别标签。在训练过程中，模型不断调整参数，以最小化预测误差（如通过最大似然估计法最大化似然函数），从而学习到自变量与因变量之间的内在关系。一旦训练完成，模型就可以对新的未知数据进行分类预测，根据自变量的值计算出相应的类别概率，并根据设定的阈值做出分类决策。

7.2 逻辑回归的原理

7.2.1 模型假设

逻辑回归假设数据中存在一种潜在的线性关系，尽管最终要处理的是分类问题，但这种线性关系隐藏在自变量与因变量取某个值的概率之间。具体而言，对于二分类问题，假设因变量 y 取值为 0 或 1，我们的目标是找到一个函数，使其能够根据自变量的值来预测 y 等于 1 的概率 $P(y=1\,|\,x)$。逻辑回归模型假设这个概率可以表示为 $P(y=1\,|\,x)=$ $\dfrac{1}{1+\mathrm{e}^{-(\beta_0+\beta_1 x_1+\beta_2 x_2+\cdots+\beta_n x_n)}}$，其中 β_0，β_1，β_2，$\cdots$，β_n 是待估计的参数。这种假设的合理性在于，在许多实际问题中，虽然因变量是离散的类别，但影响类别归属的因素（自变量）往往以一种线性或近似线性的方式综合作用。例如，在预测学生是否能通过考试的问题中，假设学生是否能够通过考试受学习时间 x_1、平时成绩 x_2 和课堂参与度 x_3 等因素影响，虽然考试通过与否是离散的，但这些因素对通过考试概率的影响可能是线性组合的形式，即 $P(y=1\,|\,x)=\dfrac{1}{1+\mathrm{e}^{-(\beta_0+\beta_1 x_1+\beta_2 x_2+\beta_3 x_3)}}$。这里，$\beta_0$ 可以看作在没有考虑其他因素时学生通过考试的基础概率，β_1 表示学习时间每增加一个单位对通过考试概率的影响程度，β_2 和 β_3 分别反映平时成绩和课堂参与度对通过考试概率的作用大小。通过这种假设，我们将离散的分类问题转化为基于概率的连续模型，为后续的参数估计和预测奠定了基础。

7.2.2 似然函数与参数估计

我们如何能确定模型中的参数 $\theta=(\beta_0,\beta_1,\beta_2,\cdots,\beta_n)$ 呢？回顾线性回归的损失函数，由于线性回归是连续的，因此我们可以使用均方误差（MSE）来定义损失函数。但是逻辑回归不是连续的，所以我们无法使用线性回归损失函数定义的经验。为了确定模型中的参数，我们采用最大似然估计法。似然函数是基于观测到的数据来计算参数可能性的函数。对于逻辑回归，似然函数的构建基于每个观测值的概率。假设我们有 m 个观测数据点 (x_1, y_1)，(x_2, y_2)，$\cdots$，(x_m, y_m)，其中 $x_i = (x_{i1}, x_{i2}, \cdots, x_{in})$ 是第 i 个观测的自变量向量，y_i 是对应的因变量值（0 或 1）。$P(y=1 \mid x, \theta) = p_\theta(x)$，$P(y=0 \mid x, \theta) = 1 - p_\theta(x)$，则 $P(y \mid x, \theta) = p_\theta(x)^y [1 - p_\theta(x)]^{1-y}$，$y = 0, 1$。则似然函数如下：

$$L(\theta) = \prod_{i=1}^{n} P(y_i \mid x_i, \theta)$$

其中，$P(y_i \mid x_i, \theta)$ 就是前面提到的逻辑回归模型中的概率。为了方便计算，我们通常对似然函数取对数，得到以下对数似然函数：

$$\ln L(\theta) = \sum_{i=1}^{n} \{ y_i \log[p_\theta(x_i)] + (1 - y_i) \log[1 - p_\theta(x_i)] \}$$

然后，通过对对数似然函数求导，并令导数为 0，我们可以找到使似然函数最大的参数值。

这个求解过程涉及一定的数学推导和优化算法。例如，在简单的二分类逻辑回归模型中，对于只有一个自变量的情况，我们可以详细推导对数似然函数对和的偏导数，然后使用数值优化方法（如梯度下降法）来求解参数。在实际应用中，许多统计软件和编程语言（如 Python 中的 statsmodels 和 scikit-learn 库）都提供了现成的函数来实现逻辑回归模型的参数估计，这使得我们无须深入了解复杂的数学细节即可应用逻辑回归进行分析。

以一个简单的医疗诊断例子来说明，假设我们要根据患者的年龄来预测其是否患有某种疾病（$y = 1$ 表示患病，$y = 0$ 表示未患病）。我们收集了一些患者的数据，其中有每个患者年龄和患病情况的信息。通过构建似然函数并使用最大似然估计法，我们可以找到 β_0 和 β_1 的值，使得根据年龄预测患病概率的模型最符合观测数据。例如，如果 $\beta_0 = -1.5$，$\beta_1 = 0.05$，那么对于一个 30 岁的患者（$x = 30$），其患病概率 $P(y = 1 \mid x) = \frac{1}{1 + e^{-(-1.5 + 0.05 \times 30)}} = 0.5$，这意味着根据模型，该患者有 50% 的可能性患有这种疾病。

7.2.3 模型的解释

逻辑回归模型的系数具有重要的解释意义，它帮助我们理解每个自变量对因变量分类结果的影响方向和程度。以二分类为例，回归系数表示在其他自变量不变的情况下，自变量 x_i 每增加一个单位，因变量 y 取 1 的对数几率（Log Odds）的变化量。对数几率是事件发生的概率与事件不发生的概率之比的对数，即 $\log\left[\dfrac{P(y=1)}{1 - P(y=1)}\right]$。例如，在预测消费者购买某产品的逻辑回归模型中，假设价格 x_1 和广告曝光度 x_2 是两个自变量，模型为 $P(y = 1 \mid x) = \dfrac{1}{1 + e^{-(\beta_0 + \beta_1 x_1 + \beta_2 x_2)}}$。如果 $\beta_1 = -0.5$，这意味着在广告曝光度不变的情况下，价格每提高 1 个单位，购买产品的对数几率会减少 0.5。从概率角度进一步解释，当价格提高时，购买概率 $P(y=1)$ 会降低。具体来说，根据对数几率与概率的转换关系 $P(y=1) = \dfrac{e^{\log\left[\frac{P(y=1)}{1-P(y=1)}\right]}}{1 + e^{\log\left[\frac{P(y=1)}{1-P(y=1)}\right]}}$，我们可以计算出价格变化对购买概率的具体影响。这种系数解释方式使我们能够深入理解数据中的关系，不仅能知道自变量对因变量有影响，还能明确影响的方向和相对大小，从而为决策提供有价值的信息。例如，企业在制定营销策略时，了解到价格系数的影响后，可以合理调整价格以平衡利润和市场需求；同时，根据广告曝光度系数，决定合适的广告投放策略，以提高产品购买率。

7.3 逻辑回归的拟合求解

7.3.1 数据的导入与预处理

在使用逻辑回归模型之前，数据的导入与预处理是至关重要的步骤。数据通常以表格形式存储，例如在 Python 中，我们可以使用 pandas 库将数据读取为 DataFrame 格式，这为后续的数据处理提供了方便且高效的结构。在导入数据后，我们首先要对数据进行全面的了解，包括变量的类型（是数值型、分类型还是日期型等）、取值范围、数据分布情况等信息。例如，对于一个包含客户信息和消费行为数据的数据集，我们需要知道年龄、收入等数值型变量的分布是否合理，是否存在异常值（如年龄为负数或收入过高不符合实际情况）；对于性别、职业等分类型变量，要明确其类别数量和具体类别内容。

对于缺失值的处理，有多种常见方法。如果缺失值较少，对于数值型变量，我们可以考虑使用均值填充法，即计算该变量的均值并将缺失值替换为均值；对于分类型变量，我们可以使用众数填充，即选择出现频率最高的类别值作为缺失值的替代。例如，在一个员工绩效评估数据集中，如果"工作年限"这一数值型变量存在少量缺失值，我们可以计算所有员工工作年限的均值，然后将缺失值填充为该均值；若"部门"这一分类型变量有缺失，我们可统计各部门出现的频次，选择频次最高的部门作为缺失值的填充内容。还有一种处理缺失值的方法是插值法，即根据已有数据点的关系来估算缺失值。然而，如果缺失值较多，我们可能需要更谨慎地考虑数据的可用性或采用其他复杂的处理策略，如删除含有大量缺失值的记录或使用多重插补等高级方法。

对于分类变量，我们有时需要进行编码转换，以便其能够在模型中正确使用。一种常见的编码方式是独热编码。例如，在一个包含"学历"变量（取值为本科、硕士、博士）的数据集中，我们可以通过独热编码将变量转换为三个新的变量：本科（是/否）、硕士（是/否）、博士（是/否）。这样，每个原始的分类取值就被转换为一个二进制的向量表示，在模型中能够更好地体现类别之间的差异，避免了因将分类变量直接用数值表示而可能引入不合理的顺序关系（如将小说、教材、绘本编码为 1、2、3 可能会错误地暗示一种顺序关系，而实际上它们只是不同的类别）。

此外，我们还可以根据数据的特点和模型的要求，对数据进行标准化或归一化处理。标准化通常是将数据转换为均值为 0、标准差为 1 的分布，这有助于某些优化算法更快地收敛，提高模型的性能和稳定性。归一化则是将数据映射到特定的区间（如 [0，1] 或 [-1，1]），在某些情况下也能改善模型的表现，特别是当不同自变量的取值范围差异较大时，标准化或归一化可以使它们在模型中的贡献相对均衡，避免因变量尺度差异过大而导致模型对某些变量过度敏感或不敏感。

7.3.2 模型拟合

在 Python 中，我们可以使用不同的库来拟合逻辑回归模型，每个库都有其特点和适用场景。使用 statsmodels 库时，我们首先需要导入相应的模块（如 statsmodels. formula. api）。然后，设定回归模型的公式，在公式中明确指定因变量和自变量的关系。例如，对于一个预测客户是否购买产品（假设因变量为"是否购买"，自变量为"年龄""收入"和"广告曝光次数"）的逻辑回归模型，公式可以写成"是否购买 ~ 年龄 + 收入 + 广告曝光次数"。接着，我们实例化 logit（）类，并调用 fit（）方法来进行模型的拟合。在拟合过程中，库会根据设定的公式和数据，运用最大似然估计法等算法来计算模型的参数。拟合完成后，我们可以通过调用 summary（）方法查看模型的详细结果。这些结果包含了丰富的信息，如系数估计值，表示每个自变量对因变量的影响程度；标准误差，用于衡量系数估计的准确性；p 值，用于判断系数的显著性水平。如果一个自变量的 p 值小于某个预先设定的显著性水平（如 0.05），我们通常认为该变量在模型中具有显著的影响，即该变量与因变量之间存在显著的关系，不能简单地认为是由随机因素导致的。例如，在一个分析学生成绩是否及格（及格/不及格）与学习时间、参加课外辅导次数以及课程难度之间关系的逻辑回归模型中，如果学习时间的系数估计值为正，且 p 值小于 0.05，则表明学习时间对成绩及格与否有显著的正向影响，即学习时间越长，学生成绩及格的概率越高。

除了 statsmodels 库，scikit-learn 库也是常用的机器学习库，用于构建和评估逻辑回归模型。使用 scikit-learn 库进行逻辑回归的步骤如下：首先，我们导入 linear_ model 模块中的 LogisticRegression 类。然后，我们创建逻辑回归模型对象，可以根据需要指定一些参数，如正则化参数（用于防止过拟合）、求解器（用于优化模型参数的算法）等。例如，LogisticRegression（penalty = 'L2'，solver = 'liblinear'）创建了一个使用 L2 正则化和 liblinear 求解器的逻辑回归模型对象。接下来，我们使用训练集数据对模型进行训练，通过调用 fit（）方法将训练数据的特征矩阵（通常是一个二维数组，每行代表一个样本，每列代表一个特征）和对应的类别标签（一维数组，每个元素表示相应样本的类别）传入模型进行参数估计。例如，假设我们已经将训练数据分为特征矩阵 x_ train 和标签数组 y_ train，那么可以使用 lr. fit（x_ train，y_ train）来训练模型，其中 lr 是之前创建的逻辑回归模型对象。

7.3.3 预测与评估

拟合好模型后，我们可以使用模型进行预测。对于新的数据点（即给定自变量的值），我们将其代入模型中，通过 predict 方法可以得到预测的概率值。例如，在一个预测客户流失（流失/未流失）的逻辑回归模型中，如果我们有一个新客户的数据，包括其消费频率、最近一次消费时间间隔、投诉次数等自变量的值，然后将这些值组成一个数据点（例如一个数组或列表），并传入模型的 predict 方法。模型将根据训练得到的参数计算出该客户流失的概率。通常，我们需要将概率值转化为决策变量（如 0 或 1），根据设定的阈值（如 0.5）来判断预测结果属于哪一类。如果预测概率大于 0.5，则预测客户会流失（标记为 1）；如果预测概率小于 0.5，则预测客户不会流失（标记为 0）。

为了评估模型的性能，我们可以计算预测的准确率等指标。准确率（Accuracy）是指模型预测正确的样本数占总样本数的比例。例如，在一个包含 1 000 个客户的测试集中，如果模型预测正确了 850 个客户的流失情况（即实际流失且被预测为流失，或实际未流失且被预测为未流失），那么准确率为 $\frac{850}{1\ 000} = 0.85$ 或 85%。此外，我们还可以使用混淆矩阵（Confusion Matrix）来更详细地分析模型在不同类别上的预测表现。混淆矩阵是一个 2×2 的矩阵（对于二分类问题），它展示了真阳性（True Positive，TP）、假阳性（False Positive，FP）、真阴性（True Negative，TN）和假阴性（False Negative，FN）的数量。真阳性表示实际为正类（如客户流失）且被模型预测为正类的样本数量；假阳性表示实际为负类（如客户未流失）但被模型预测为正类的样本数量；真阴性表示实际为负类且被模型预测为负类的样本数量；假阴性表示实际为正类但被模型预测为负类的样本数量。例如，在上述客户流失预测的例子中，如果真正例为 350，假正例为 100，真反例为 450，假反例为 100，那么混淆矩阵可以清晰地展示这些信息。根据混淆矩阵，我们可以进一步计算其他性能指标，如召回率（Recall），其公式为 $\frac{TP}{TP + FN}$，它表示实际为正类的样本中被正确预测为正类的比例，反映了模型对正类样本的捕捉能力；精确率（Precision），其公式为 $\frac{TP}{TP + FP}$，它表示被预测为正类的样本中实际为正类的比例，反映了模型预测的准确性。在这个例子中，召回率 $= \frac{350}{350 + 100} = 0.778$，精确率 $= \frac{350}{350 + 100} = 0.778$。通过这些指标的综合评估，我们可以全面了解模型的性能，发现模型的优点和不足之处，从而为进一步改进模型提供依据。例如，如果召回率较低，可能意味着模型遗漏了较多实际会流失的客户，我们需要考虑调整模型参数或增加更多相关的自变量来提高对正类样本的预测能力；如果精确率较低，可能表示模型预测为流失的客户中实际不流失的比例较高，我们需要检查模型是否过于敏感或数据是否存在问题。

7.4 案例分析

7.4.1 Universal Bank 个人贷款业务案例

在分析本案例前，预先导入一下库，代码如下：

```
import pandas as pd
import numpy as np


import statsmodels. formula. api as smf
import statsmodels. api as sm
```

1. 数据描述

Universal Bank 的个人贷款业务数据涵盖了多个方面的信息，这些信息从不同角度反映了客户的特征和财务状况，为分析客户是否接受个人贷款提供了丰富的数据基础（见图7-2）。客户的年龄（Age）是一个重要的变量，它可能与客户的财务稳定性、贷款需求和还款能力等因素相关。一般来说，年龄较大的客户可能具有更稳定的收入来源和较强的还款能力，但可能对贷款的需求相对较低；而年轻客户可能收入相对较低但对贷款的需求较大，其还款能力较低而风险也相对较高。专业经验年数（Experience）也可能对贷款决策产生影响，经验丰富的客户可能在职业发展上更为稳定，收入也可能较高，从而更有可能接受贷款用于投资或消费升级。年收入（Income）是衡量客户经济实力的关键指标，较高的年收入通常意味着客户有更强的还款能力，也更有可能有足够的资金需求来申请个人贷款，例如用于购买房产、车辆或进行其他大额消费。家庭住址邮政编码（ZIP Code）虽然看似是一个地理位置信息，但它可能与地区经济发展水平、生活成本等因素相关，进而间接影响客户的贷款需求和还款能力。家庭规模（Family）可能反映客户的家庭经济负担，较大的家庭规模可能意味着更多的生活支出，从而影响客户对贷款的需求和承受能力。每月信用卡平均支出（CCAvg）可以体现客户的消费习惯和财务状况，如果信用卡支出较高，可能暗示客户具有较强的消费欲望，但也可能存在一定的债务风险，这对其是否接受个人贷款会产生影响。教育水平（Education）（1：本科；2：硕士；3：博士）通常与客户的职业发展潜力和收入水平相关，较高的教育水平可能对应着更好的工作机会和更高的收入，进而影响贷款决策。房屋抵押贷款价值（Mortgage）（如有）反映了客户的现有债务情况，已经有较大抵押贷款的客户可能对额外的个人贷款需求较低，或者其还款能力已经受到一定限制，影响银行对其贷款申请的评估。最后，客户是否接受了上次活动中的个人贷款（Personal Loan）是我们要预测的因变量，它是一个二分类变量，取值为 0（未接受）或 1（接受），是我们分析所有其他自变量关系的目标变量。

ID	Age	Experience	Income	ZIP Code	Family	CCAvg	Education	Mortgage	Personal Loan	Securities Account	CD Account	Online	CreditCard
1	25	1	49	91107	4	1.6	1	0	0	1	0	0	0
2	45	19	34	90089	3	1.5	1	0	0	1	0	0	0
3	39	15	11	94720	1	1.0	1	0	0	0	0	0	0
4	35	9	100	94112	1	2.7	2	0	0	0	0	0	0
5	35	8	45	91330	4	1.0	2	0	0	0	0	0	1

图 7 – 2　个人贷款数据样例

2. 数据导入与预处理

首先，我们使用 pandas 库的 read_csv 函数将数据导入为 DataFrame 格式，这一步骤使数据从文件中被读取并转换为适合在 Python 中进行分析的数据结构。例如，如果数据存储在一个名为"UniversalBank.csv"的文件中，我们可以使用 bank_df = pd.read_csv("Data/UniversalBank.csv")，将数据读入名为 bank_df 的 DataFrame 中。

然后，我们对数据进行初步的观察和处理。通过调用 describe().transpose() 方法，我们可以查看数据的基本统计信息，包括每个变量的均值、标准差、最小值、最大值等（见图 7 – 3）。这有助于我们快速了解数据的分布情况，发现可能存在的异常值或不合理的数据范围。例如，如果我们发现年龄列中有负数或者年收入列中有过高的异常值（如超出合理的收入范围），就需要进一步检查和处理。同时，使用 value_counts() 方法可以统计每个变量（分类变量，如教育水平、是否接受个人贷款等）不同取值的出现频次，帮助我们了解各类别的分布情况。例如，bank_df["Personal Loan"].value_counts() 可以统计接受和未接受个人贷款的客户数量。

```
bank_df.describe().transpose()
```

	count	mean	std	min	25%	50%	75%	max
ID	5000.0	2500.500000	1443.520003	1.0	1250.75	2500.5	3750.25	5000.0
Age	5000.0	45.338400	11.463166	23.0	35.00	45.0	55.00	67.0
Experience	5000.0	20.104600	11.467954	-3.0	10.00	20.0	30.00	43.0
Income	5000.0	73.774200	46.033729	8.0	39.00	64.0	98.00	224.0
ZIP Code	5000.0	93152.503000	2121.852197	9307.0	91911.00	93437.0	94608.00	96651.0
Family	5000.0	2.396400	1.147663	1.0	1.00	2.0	3.00	4.0
CCAvg	5000.0	1.937938	1.747659	0.0	0.70	1.5	2.50	10.0
Education	5000.0	1.881000	0.839869	1.0	1.00	2.0	3.00	3.0

图 7 – 3　用 describe 函数描述数据的运行结果（部分）

接着，我们需要检查数据中是否存在缺失值，如果存在，可以根据变量的特点和数据分布情况选择合适的处理方法。如前所述，如果缺失值较少，对于数值型变量，我们可以采用均值填充；对于分类变量，我们可以使用众数填充。

另外，我们需要对数据进行一致性处理，例如检查数据类型是否正确，是否存在重复记录等。在这个案例中，我们可能需要将一些字符串类型的变量转换为合适的数值类型，或者对日期格式进行统一处理。例如，如果数据中的日期格式不一致，我们需要将其转换为统一的格式以便后续分析。

最后，我们还可以对数据进行一些特征工程操作，如创建新的变量或对现有变量进行转换。例如，根据客户的年龄和工作经验，我们可以创建一个新的变量"工作年龄比"（工作经验/年龄）。这个新变量可能对贷款决策有一定的影响。在本例中，我们去掉了不相干的变量 ID 和 ZIP Code，并且将变量名称中的空格转换成下划线，以便后面代码调用。代码如下：

```
bank_df. drop (columns = ["ID", "ZIP Code"], inplace = True)
bank_df. columns = [c. replace (" ", "_") for c in bank_df. columns]
```

3. 模型构建与拟合

我们选择年收入作为预测变量，构建逻辑回归模型来预测客户是否接受个人贷款。使用 statsmodels 库时，我们首先导入 statsmodels. formula. api 模块，然后设定回归模型的公式为"Personal_Loan ~ Income"，其中"Personal_Loan"是因变量，"Income"是自变量。接着，我们实例化 logit()类，如 loan_result = smf. logit (formula_1, data = bank_df). fit ()，其中 formula_1 是之前设定的公式，bank_df 是包含数据的 DataFrame。模型将根据数据中的年收入和个人贷款接受情况进行拟合，计算出模型的参数。代码如下：

```
formula_1 = "Personal_Loan ~ Income"
loan_result = smf. logit (formula_1, data =bank_df). fit ()
loan_result. summary ()
```

我们查看模型拟合的结果，关注系数的估计值和显著性水平（p 值）。例如，从结果中，我们可以看到年收入的系数及其 p 值。如果 p 值小于 0.05，表明该变量在模型中具有显著的影响。正的系数表示随着年收入的增加，客户接受个人贷款的概率会增加（根据逻辑回归系数的解释，这里是对数几率的增加）。例如，如果年收入的系数为 0.02，意味着在其他条件不变的情况下，年收入每增加 1 个单位（假设单位为千美元），客户接受个人贷款的对数几率会增加 0.02。从概率角度进一步理解，根据对数几率与概率的转换关系，我们可以计算出年收入增加时，客户接受个人贷款概率的具体变化（见图7-4）。

Dep. Variable:	Personal_Loan	**No. Observations:**	5000
Model:	Logit	**Df Residuals:**	4998
Method:	MLE	**Df Model:**	1
Date:	Wed, 01 May 2024	**Pseudo R-squ.:**	0.3624
Time:	17:35:21	**Log-Likelihood:**	-1008.1
converged:	True	**LL-Null:**	-1581.0
Covariance Type:	nonrobust	**LLR p-value:**	3.652e-251

	coef	std err	z	P>|z|	[0.025	0.975]
Intercept	-6.1273	0.186	-32.926	0.000	-6.492	-5.763
Income	0.0371	0.001	26.928	0.000	0.034	0.040

图7-4　逻辑回归运行结果

4. 预测与评估

我们代入新的年收入值进行预测。例如，我们创建一个包含新的年收入值的DataFrame，如 scenario = pd. DataFrame({"Income": [80, 150, 120, 190, 200]})，然后使用 loan_result. predict (scenario)进行预测，这里返回值是预测的概率。例如，预测结果可能为 [0.040 805, 0.363 885, 0.158 118, 0.716 358, 0.785 450]，表示对于年收入分别为80千美元、150千美元、120千美元、190千美元和200千美元的客户，其接受个人贷款的预测概率。代码如下：

```
scenario = pd. DataFrame ( {"Income": [80, 150, 120, 190, 200]})
pred = loan_result. predict (scenario)
```

我们将预测概率转化为决策变量（0或1），根据设定的阈值（如0.5）来判断预测结果属于哪一类。我们可以使用 np. where（pred > 0.5, 1, 0）将预测概率大于0.5的转换为1（表示接受贷款），预测概率小于或等于0.5的转换为0（表示不接受贷款），得到预测的类别结果 [0, 0, 0, 1, 1]。

我们计算预测的准确率和混淆矩阵来评估模型的性能。调用 loan_result. pred_table()方法可以返回预测值与实际值个数的矩阵，即混淆矩阵。例如，得到的混淆矩阵可能为array([[4395., 125.], [329., 151.]])，其表示真阴性（实际未接受贷款且预测为未接受贷款）为4 395个，假阳性（实际未接受贷款但预测为接受贷款）为125个，假阴性

（实际接受贷款但预测为未接受贷款）为 329 个，真阳性（实际接受贷款且预测为接受贷款）为 151 个。具体代码如下：

```
confusion_table = loan_result. pred_table ()
confusion_table
Out [ ]:
array ( [ [4395.,   125.],
        [ 329.,   151.]])
```

根据这个结果，正确的预测为 4 546 个（4 395 + 151），对角线上的两个数字相加，正确率为 0.909 或 90.9%（$\frac{4\ 546}{5\ 000}$）。对于不接受贷款的客户，正确识别率为 0.972 或 97.2%（$\frac{4\ 395}{4\ 395 + 125}$）；对于接受贷款的客户，正确识别率为 0.315 或 31.5%（$\frac{151}{151 + 329}$）。从这些指标我们可以看出，模型对不接受贷款的客户预测准确性较高，但对接受贷款的客户预测准确性相对较低，这可能提示我们模型在某些方面还需要进一步改进或考虑更多的因素，如增加其他相关的自变量或调整模型的参数。

在本例的代码中，我们只展示了一个自变量。如果模型中有多个自变量，只需要在 formula 里自己定义即可，读者可自行练习实现。

7.4.2 鸢尾花分类案例

1. 数据描述

鸢尾花数据集是一个经典的多分类数据集，它在机器学习领域被广泛用于算法的演示和比较。该数据集包含了鸢尾花的四个特征，分别是花瓣长度（Petal Length）、花瓣宽度（Petal Width）、萼片长度（Sepal Length）和萼片宽度（Sepal Width）。这些特征从不同方面描述了鸢尾花的形态特征，是我们进行分类预测的依据。例如，花瓣长度和花瓣宽度可以反映鸢尾花花瓣的大小与形状，萼片长度和萼片宽度则描述了萼片的相关特征。而花的种类（Setosa、Versicolor、Virginica）是我们要预测的因变量，它是一个具有三个类别的分类变量。山鸢尾（Iris-setosa）通常具有较小的花瓣和较宽的萼片，变色鸢尾（Iris-versicolor）的花瓣和萼片大小适中，维吉尼亚鸢尾（Iris-virginica）则具有较大的花瓣和较长的萼片。这些特征使得鸢尾花数据集具有一定的可区分性，适合用于训练和测试分类模型。同时，由于其数据结构相对简单且数据量不大，鸢尾花分类便于初学者理解和掌握分类算法的基本原理与应用。

2. 数据获取与准备

我们使用 sklearn 库的 datasets 模块中的 load_iris 函数直接导入鸢尾花数据集。这一步骤将数据集加载到内存中，方便后续的操作。例如，iris = load_iris（）将鸢尾花数据集加载到名为 iris 的对象中。

我们从加载的数据集对象中提取特征和标签。通常，数据集对象包含一个用于存储特征数据（是一个二维数组，每行代表一朵鸢尾花的四个特征值）的 data 属性和一个用于存储对应的类别标签（是一个一维数组，每个元素表示相应鸢尾花的种类）的 target 属性。我们可以使用 X = iris. data 和 Y = iris. target 分别获取特征矩阵和类别标签数组。

我们将数据集划分为训练集和测试集，通常按照一定的比例（如 7 : 3 或 8 : 2）进行随机划分，以用于模型的训练和评估。使用 sklearn 库的 model_selection 模块中的 train_test_split 函数可以方便地实现这一操作。例如，x_train，x_test，y_train，y_test = train_test_split（X，Y，test_size = 0.3）将数据集按照 70% 作为训练集和 30% 作为测试集的比例进行随机划分，其中 x_train 和 y_train 分别是训练集的特征矩阵和标签数组，x_test 和 y_test 是测试集的特征矩阵和标签数组。在划分数据集时，随机化操作可以确保训练集和测试集具有代表性，避免数据分布的偏差对模型评估产生影响。同时，为了保证实验的可重复性，我们可以设置随机种子（random_state 参数），使得每次划分的结果相同。

3. 模型构建与训练

导入 sklearn 库的 linear_model 模块中的 LogisticRegression 类，可以创建逻辑回归模型对象。我们可以根据需要指定一些参数，如正则化参数（用于防止过拟合）、求解器（用于优化模型参数的算法）等。例如，LogisticRegression（penalty = 'L2'，solver = 'newton-cg'，multi_class = 'multinomial'）创建了一个使用 L2 正则化、newton-cg 求解器并适用于多分类问题（multi_class = 'multinomial'用于处理因变量有多个类别且无顺序关系的情况）的逻辑回归模型对象，这里将其赋值给 lr 变量。

我们使用训练集数据对模型进行训练，通过调用 fit()方法将训练集的特征矩阵 x_train 和标签数组 y_train 传入模型进行参数估计。例如，lr. fit(x_train，y_train)将启动模型的训练过程，使模型能根据训练数据中的鸢尾花特征和种类信息，计算出最佳的参数值，以尽可能准确地预测鸢尾花的种类。在训练过程中，模型会根据设定的损失函数（如对数损失函数，它与逻辑回归的原理相关，用于衡量模型预测概率与实际类别之间的差异）和优化算法（如牛顿-拉夫逊法，这里由 solver = 'newton-cg'指定）来调整模型参数，以最小化损失函数的值。这个过程会迭代多次，直到满足停止条件（如达到最大迭代次数或损失函数的变化小于某个阈值）。

7.5 多类型分类讨论

当因变量的取值多于两个类型时，逻辑回归的处理方式有所不同，这涉及顺序分类（Ordinal Classification）和定序分类（Nominal Classification）两种情况。

对于顺序分类，分类之间存在顺序关系。例如股票推荐可分为卖出、持有、买入三个类别，这三个类别之间存在明显的顺序，买入表示对股票前景最看好，卖出表示最不看好，持有则介于两者之间。再如卧室数量（1 个、2 个、3 个、4 个等），其数字越大表示房屋的规模或功能在某种程度上越强。在这种情况下，我们可以使用一些扩展的逻辑回归方法，如有序逻辑回归（Ordinal Logistic Regression）。这种方法会考虑类别之间的顺序信息，通过建立适当的模型来处理有序分类问题。它假设因变量的累积概率与自变量之间存在某种关系，从而能够更好地捕捉顺序信息并进行分类预测。

对于定序分类，分类之间没有顺序关系。例如，消费者购买手机的品牌选择（苹果、小米、华为等品牌），这些品牌之间并没有天然的顺序，只是不同的选择类别。在 Python 中，我们使用 sklearn 库的 LogisticRegression 类时，可以通过设置参数 multi_class = 'multinomial' 来处理多分类问题（如鸢尾花分类案例）。此时，模型会分别估计因变量属于每个类别的概率，然后取概率最大的类别作为预测结果。例如，对于一朵鸢尾花，模型会计算它属于 Setosa、Versicolor 和 Virginica 三个类别的概率，假设其概率分别为 0.2、0.3 和 0.5，那么模型会预测这朵鸢尾花属于 Virginica 类别。这种方法适用于处理没有顺序关系的多分类问题，能够有效地对不同类别进行区分和预测。在实际应用中，我们需要根据具体问题的性质来判断是属于顺序分类还是定序分类，然后选择合适的逻辑回归方法或相关扩展方法来进行分析和预测，以确保模型能够准确地反映数据中的关系并提供可靠的预测结果。

本章小结

通过对逻辑回归原理、拟合求解过程以及实际案例的详细阐述，我们可以看到逻辑回归在处理分类问题方面的强大能力和广泛应用。无论是在金融、医疗、市场营销还是在其他领域，逻辑回归都为我们提供了一种有效的数据分析方法和预测工具，帮助我们从数据中挖掘有价值的信息，做出更明智的决策。在后续的学习和实践中，读者可以进一步探索逻辑回归的更多特性和应用场景，不断提升数据科学领域中分析和解决问题的能力；同时，可以结合其他机器学习方法，形成更强大的数据分析和预测体系，以应对日益复杂的数据和实际问题。

8 分类模型

8.1 分类模型概述

8.1.1 分类模型的概念

在数据科学与机器学习的广袤领域中，分类模型是一类极为重要的工具。它与回归模型一样，致力于揭示数据背后隐藏的模式与关系。然而，二者又有所区别，回归模型侧重于预测连续变量，而分类模型则聚焦于预测离散类别或标签。我们上一章学习的逻辑回归就是分类模型，是用回归的技术解决分类问题。在本章中，我们将学习除了逻辑回归之外的几种基础的分类模型。

8.1.2 学习分类模型的意义

1. 广泛的应用场景

分类模型在众多实际领域中有着广泛而深入的应用。例如，在垃圾邮件检测中，它能够依据邮件的特征（如发件人、邮件主题、内容关键词等）将邮件准确地分类为正常邮件或垃圾邮件。在信用卡欺诈检测方面，通过分析交易金额、交易时间、交易地点等信息，它能够及时识别出欺诈行为。客户流失预测可帮助企业根据客户的消费行为、使用频率、投诉记录等因素，提前预判哪些客户可能会流失，从而采取针对性措施进行挽留。在营销领域，企业可以根据客户的消费习惯、偏好、购买频率等特征，将客户划分为不同的类别，如高价值客户、普通客户和潜在流失客户等。通过这种分类，企业能够清晰地洞察不同客户群体的行为模式和需求特点，从而制定出更加精准、有效的营销策略。在医学诊断领域，医生借助分类模型，依据患者的症状、检查结果（如血液检测指标、影像检查结果等）来判断患者是否患有某种疾病。图像识别技术更是离不开分类模型，它可以识别出图片中的物体、场景或人物等。这些应用场景充分展示了分类模型在解决实际分类问题中的关键作用。

2. 提高预测准确性

在许多实际问题中，预测准确性至关重要。分类模型凭借其强大的功能，能够处理复杂的数据特征，从而显著提高预测的精准度。在信用风险评估领域，分类模型可以综合考虑借款人的信用记录（如是否有逾期还款记录、欠款金额等）、收入水平、职业稳定性、负债情况等多方面的信息，对其违约风险进行准确预测。金融机构根据这些预测结果，可以更加科学、合理地做出贷款决策，降低不良贷款率，保障金融资产的安全。在保险行业，分类模型可用于预测客户的理赔风险，根据客户的年龄、性别、健康状况、驾驶记录（对于车险）等因素，评估客户发生理赔的可能性，有助于保险公司制定合理的保险费率和保险条款。

3. 处理非线性关系

现实世界中的数据关系往往复杂多样，许多问题存在着非线性关系。分类模型家族中的诸多成员，如决策树、随机森林、支持向量机和神经网络等，具备强大的能力来捕捉这些非线性关系。例如，在图像识别中，图像中的物体形状、颜色、纹理等特征与物体类别之间的关系往往是非线性的。神经网络通过构建复杂的多层结构，能够有效地学习到这些非线性特征，从而准确地识别出图像中的物体。

4. 多种算法与工具的优势

分类模型拥有丰富多样的算法，每种算法都有其独特的优势和适用场景。朴素贝叶斯（Naive Bayes，NB）模型在处理高维数据（如文本分类问题，其特征维度可能高达数万甚至数十万）时表现出色，它基于贝叶斯定理，假设特征之间相互独立。尽管这一假设在实际中不完全成立，但在许多情况下仍能提供可靠的分类结果，且计算效率高。支持向量机在处理小样本、高维数据时具有优势，它通过寻找一个最优的分类超平面，尽可能地分开不同类别的样本，并且在处理线性不可分的数据时，可以通过核函数将数据映射到高维空间，使其变为线性可分。了解和掌握多种分类算法，使数据科学家能够根据具体问题的特点和需求，灵活选择最合适的算法，如同在工具箱中挑选最适合的工具来解决不同的任务。

5. 应对不平衡数据集的方法

在实际应用中，数据集不平衡的问题较为常见，即某些类别的样本数量远远多于其他类别。例如，在疾病诊断数据集中，健康样本可能远远多于患病样本；在网络入侵检测数据集中，正常网络流量样本通常占据绝大多数。分类模型提供了多种有效的方法来处理这种不平衡数据集。过采样方法通过增加少数类样本的数量，使数据集变得更加平衡，如 SMOTE 算法通过合成新的少数类样本来实现平衡；欠采样方法则减少多数类样本的数量，如随机欠采样；还有一些算法通过使用惩罚项，对分类错误的少数类样本给予更大的惩罚，从而提高模型对少数类样本的分类性能。这些方法有助于提高分类模型在不平衡数据集上的分类效果，避免模型对多数类样本产生过度偏向，从而能够更准确地识别出少数类样本中的关键信息。

8.1.3 常用分类算法简介

1. K 最近邻算法

K 最近邻（K Nearest Neighbors，KNN）算法依据样本间距离进行分类，若一个样本的 K 个最近邻中多数属于某类，则该样本也属于此类别，如在图像识别中可根据像素点距离判断图像类别。该算法的优点是简单、无须训练、适合多分类，但样本不平衡时易误分、计算量大、可理解性差。

2. 决策树

决策树基于对数据集的递归分割，构建出树形结构，通过选择最佳特征进行划分，使每个子集尽可能"纯净"。例如在判断水果种类时，决策树可根据颜色、形状等特征逐步判断。它易于理解和解释，计算成本相对较低，但贪心算法可能导致次优解，且直线形决策边界对复杂数据分布适应性有限。

3. 朴素贝叶斯

朴素贝叶斯基于贝叶斯定理，假设特征相互独立，在文本分类、垃圾邮件过滤等领域应用广泛，如判断邮件是否为垃圾邮件，根据邮件中词语出现概率计算类别概率。它简单快速，扩展性好，尽管独立性假设在实际中常不成立，且无法进行建模特征交互，但在实践中仍常取得不错的效果。

4. 支持向量机

支持向量机寻找最优分类超平面将样本分开，适用于小样本、高维数据，如在癌症诊断中，根据细胞特征找到区分正常细胞与癌细胞的超平面。它分类效果好且泛化能力强，但对大规模数据计算复杂，核函数选择和参数调整较困难。

5. 神经网络

神经网络由大量节点（神经元）和连接构成，通过学习数据中的复杂模式进行分类，在语音识别、图像识别等领域表现卓越，如识别语音指令或图像中的物体。它能处理高度复杂的非线性关系，但计算资源需求大、模型解释性差、易出现过拟合问题。

这些常用分类算法各有千秋，在不同的数据场景和问题需求下发挥着重要作用，为解决分类问题提供了多样化的选择。随着数据量的持续爆炸式增长以及数据类型的日益多样化，分类模型在各个领域的应用前景将愈发广阔，成为推动科技创新和社会发展的重要力量。在后续的学习中，我们将深入探讨几种常用分类算法的基本概念、原理，详细剖析它们的优缺点，并通过实际案例使读者掌握使用 Python 进行分类预测的实用技能。

8.2　K 最近邻算法

8.2.1　核心假设

在数据科学领域，分类问题是一个常见且具有挑战性的任务。KNN 算法作为一种简单而强大的分类算法，其核心假设基于一个直观而有效的理念 —— "物以类聚，人以群分"。这一假设在 KNN 算法中体现为如果一个样本在特征空间中的 K 个最近邻的样本中的大多数属于某一个类别，那么该样本也极有可能属于这个类别。

8.2.2　算法思想

KNN 算法将数据集视为分布在一个 N 维向量空间中的点集，每个点代表一个样本，其属性则对应于点在各个维度上的坐标。在这个空间中，相似的数据点（即具有相似属性值的样本）往往会在空间中彼此靠近，并且它们通常具有相同的类别标签。当面对一个未标记的新数据点需要进行分类预测时，KNN 算法会将该新数据点的所有属性值与训练集中的已知数据点逐一进行对比和分析，以寻找与之最为相似的已知数据点。图 8 - 1 是一个将标签分成三角形和方形的分类问题。当出现一个新的数据点（图中圆形）时，我们应该将它分为哪类呢？KNN 算法的思路就是看它距离哪一类的点更近。

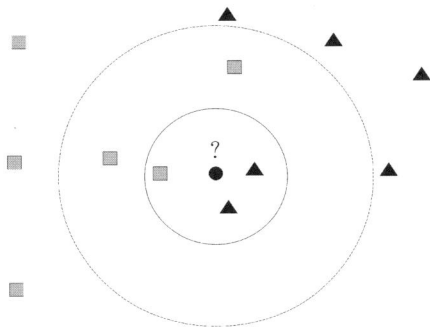

图 8 - 1   K 最近邻算法示意图

8.2.3   工作原理

1. K 值的选择

K 值在 KNN 算法中起着关键作用，它决定了在进行分类决策时要考虑的最近邻居的数量。对于二分类问题，K 值通常设置为奇数，这是为了防止出现两种类型的邻居数量相同而导致无法决策的情况。K 值的选择直接影响着模型最终的性能。如果 K 值过小，模型可能会过于敏感，容易受到噪声数据的影响，导致分类结果的准确度不足；如果 K 值过大，虽然可以减少噪声的影响，但可能会引入过多与待分类样本不太相关的邻居，从而降低分类的准确性，使模型变得过于平滑，无法准确捕捉数据的局部特征。

2. 邻居的选择与决策

根据选定的 K 值，算法会在训练集中找出距离新样本最近的 K 个邻居，然后通过多数投票、加权投票等方式来决定新样本的类别。例如，在多数投票中，如果 $K=1$，那么新样本将被赋予最近邻居的类别；如果 $K=3$，算法会查看这三个最近邻居中哪个类别的样本数量最多，新样本就会被归为该类别（见图 8 - 2）。加权投票则会根据邻居与新样本的距离远近为邻居赋予不同的权重，距离越近的邻居，权重越大，这样可以使分类决策更加合理，对距离更近、相似度更高的邻居给予更多的重视。

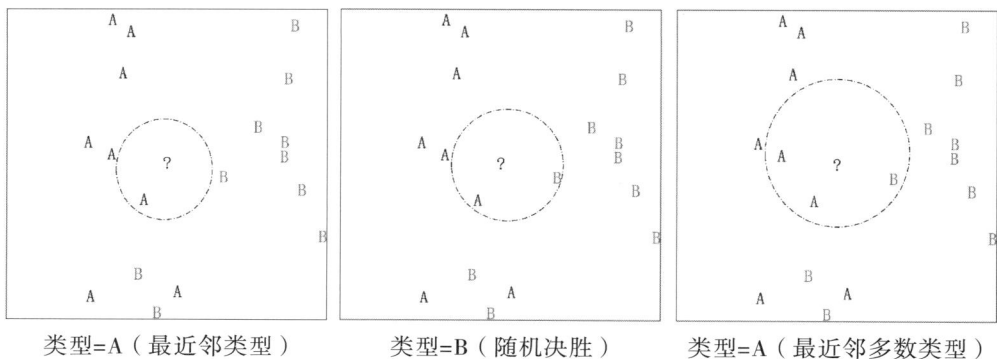

| 类型=A（最近邻类型） | 类型=B（随机决胜） | 类型=A（最近邻多数类型） |

图 8 - 2 $K = 1$，2，3 三种情况示例

3. 距离测量方法

KNN 算法需要定义一种衡量样本之间"邻近"程度的方法，通常使用欧几里得距离，其计算公式为 $d(x,y) = \sqrt{\sum_{i=1}^{n} (x_i - y_i)^2}$，其中 x 和 y 是两个样本，x_i 和 y_i 分别是它们在第 i 个特征上的取值，n 是特征的数量。欧几里得距离计算的是样本之间的直线距离，直观地反映了样本在特征空间中的几何距离。除了欧几里得距离，KNN 算法还可以根据具体问题的需求选择其他距离度量方法，如曼哈顿距离 $\left[d(x,y) = \sum_{i=1}^{n} |x_i - y_i| \right]$、闵可夫斯基距离 $\left\{ [d(x,y) = \sum_{i=1}^{n} (x_i - y_i)^p]^{\frac{1}{p}}，其中 p 为参数 \right\}$ 等。不同的距离度量方法适用于不同的数据分布和问题场景，选择合适的距离度量方法对于提高 KNN 算法的性能至关重要。

4. 算法的直观解释

想象一下，我们身处一个由无数个数据点构成的数据世界，每个点都被赋予独特的颜色（代表不同的类别标签）。现在有一个新的、未被标记颜色的点（待分类的测试实例）进入了这个世界，它渴望知道自己属于哪个类别。于是，它开始在这个数据空间中寻找离自己相对最近的 K 个邻居。它首先发现了离自己最近的那个点，发现其颜色为红色（属于"A"类别），它心中燃起了一丝希望，觉得自己可能也属于"A"类别。接着，它继续寻找，找到了第二个邻近的点，同样属于红色的"A"类别，这让它更加坚信自己的归属。然而，当它找到第三个邻近的点时，它发现这个点是蓝色的（属于"B"类别），此时它陷入了短暂的犹豫。但根据 KNN 算法的规则，它需要查看这三个邻居中哪个类别的点更多。经过仔细计数，它发现有两个红色的"A"类别点和一个蓝色的"B"类别点。最终，按照多数原则，它欣然选择了"A"类别作为自己的标签，成功地找到了自己在这个数据世界中的归属。在这个数据世界里，每个点都可以通过这种方式，借助周围邻居的信息，确定自己所属的类别。

8.2.4 代码示例

以下是使用 Python 的 sklearn 库创建 KNN 分类器并进行训练和评估的示例代码：

```python
#导入必要的库
from sklearn import neighbors
from sklearn.model_selection import train_test_split
import numpy as np

#生成一些随机数据用于示例（这里假设数据已经预处理好了）
X = np.random.rand(100,2)      #生成100个样本，每个样本有2个特征
y = np.random.randint(0,2,100)    #随机生成0或1的类别标签

#将数据划分为训练集和测试集
train_X, test_X, train_y, test_y = train_test_split(X, y, test_size = 0.2,
random_state = 42)

#创建KNN模型，设置近邻数为5
KNNmodel = neighbors.KNeighborsClassifier(n_neighbors = 5)

#训练模型
KNNmodel.fit(train_X, train_y)

#计算模型在训练集和测试集上的准确率并打印
print("模型训练集的准确率:%.3f" % KNNmodel.score(train_X, train_y))
print("模型测试集的准确率:%.3f" % KNNmodel.score(test_X, test_y))
```

8.2.5 算法总结

KNN 算法是一种基本且被广泛应用于分类与回归任务的方法，其优点显著，原理简单易懂，易于实现，无须复杂的数学推导和编程技巧，即使是非专业人士也能轻松掌握。它不需要像一些其他算法那样估计复杂的参数，如支持向量机中的核函数参数。而且，KNN 算法是一种懒惰学习算法，它不需要进行预先的训练过程，而是直接根据数据进行分类或回归决策，这使得它在某些场景下具有独特的优势。特别地，KNN 算法在处理多分类问题时表现出色，能够有效地应对具有多个类别标签的对象分类任务。

　　然而，KNN 算法也存在一些局限性。当样本容量不均衡时，即某些类别的样本数量远少于其他类别，KNN 算法容易将小容量类的样本误分到大容量类中，因为在选择邻居时，大容量类的样本更有可能被选中，从而影响分类的准确性。此外，KNN 算法的计算量较大，尤其是在处理大规模数据集时，因为它需要对每一个待分类的样本计算它与全体已知样本的距离，这在数据量巨大时会导致计算时间过长、效率低下。最后，KNN 算法的可理解性相对较差，它无法像决策树那样给出明确的分类规则，这使得我们难以直观地理解模型是如何做出分类决策的，对模型的解释和调试带来了一定的困难。综上所述，KNN 算法以其简单性和在多分类问题上的优势在许多领域得到了应用，但在实际使用中，我们需要权衡其优缺点，并根据具体问题的特点和需求来决定是否选择该算法，或者考虑与其他算法结合使用以达到更好的效果。

8.3　决策树

8.3.1　决策树概述

1. 核心思想

　　决策树是一种功能强大的模型，可用于分类和回归任务，其核心思想是通过不断地拆分数据集，构建一棵类似树状的结构，最终将数据点划分到"纯净"的区域。所谓"纯净"区域，是指每个子集中的数据点尽可能属于同一类别，从而实现对数据的有效分类。这种拆分过程基于数据的特征值，每次选择一个最佳的特征进行划分，使得划分后的子集在类别纯度上得到最大程度的提高。

2. 具体过程

　　决策树的构建过程从包含所有数据点的初始数据集开始。例如，在一个二维空间中，初始数据集可能包含两类数据点，分别用三角形和圆形表示。通过选择合适的特征（如某个维度上的数值），将数据集划分为两个或多个子集。在每次划分时，算法会尽力使每个子集的纯度增加，即让子集中的数据点更倾向于属于同一类别。随着不断地划分，数据点逐渐被分配到不同的"纯净"区域，这些区域之间的边界就形成了决策边界（见图 8 - 3）。最终，当新的数据点进入时，新的数据点根据其特征值，沿着决策树的分枝向下移动，直到到达某个叶节点，该叶节点所属的类别即为新数据点的预测分类结果。

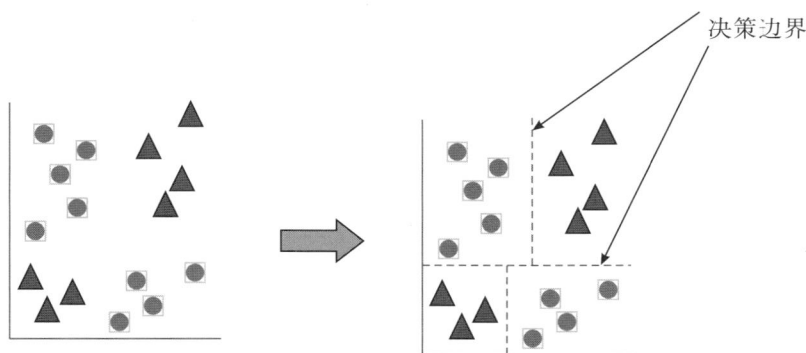

图 8 – 3　决策边界示意图

3. 决策边界和"纯净"区域

决策边界是决策树的一个重要概念，它是由每次划分数据集时所依据的特征阈值确定的。例如，在二维数据集中，如果根据某个特征（如横坐标）的值大于某个阈值将数据点划分为两个子集，那么在这个特征空间中，该阈值对应的直线就是决策边界。决策树通过比较数据点的特征值与这些阈值，决定数据点属于哪个子集，最终形成的决策边界将整个空间划分为若干个互不相交的区域，每个区域对应一个类别。而"纯净"区域则是决策树追求的目标，即在每个子集中，数据点尽可能地属于同一类别，这样当新的数据点落入某个区域时，就可以直接根据该区域所对应的类别进行分类，从而实现高效、准确的预测。

4. 应用领域

决策树算法在众多分类问题中有着广泛的应用。在垃圾邮件分类中，根据邮件的特征（如发件人、主题、关键词等）构建决策树，可以判断邮件是否为垃圾邮件。在客户流失预测方面，依据客户的行为特征（如消费频率、消费金额、最近一次消费时间等）可以预测客户是否会流失。在医学诊断领域，根据患者的症状、检查结果等信息构建决策树，可以辅助医生判断患者的疾病类型。此外，由于其简单直观的特点，决策树还是许多集成学习方法（如随机森林和梯度提升树）的基础组件，组合多个决策树可以进一步提高模型的性能和泛化能力。

8.3.2　使用决策树进行分类

1. 决策树结构

决策树由几个关键部分组成（见图 8 – 4）。根节点是决策树的起始点，它包含了整个数据集。从根节点开始，根据某个特征进行测试，将数据集划分为不同的子集，这个过程通过内部节点来实现。每个内部节点表示对一个特征的测试，并根据测试结果将数据集沿着不同的分枝向下传递。例如，在一个判断水果种类的决策树中，根节点可能是对水果颜色的测试：如果水果颜色为红色，可能沿着一个分枝继续测试水果的形状；如果颜色为黄色，则沿着另一个分枝测试其他特征。叶节点是决策树的最终节点，它表示决策的结果,即数据点所属的类别。例如,在上述水果种类判断的决策树中,叶节点可能是"苹果""香蕉""橙子"等具体的水果类别。

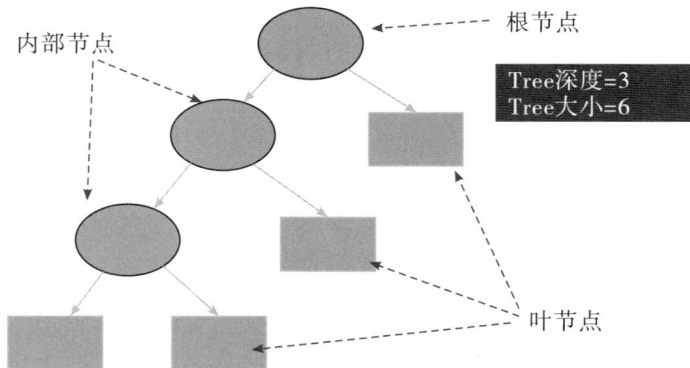

内部节点

根节点

Tree深度=3
Tree大小=6

叶节点

图 8-4　决策树结构示意图

2. 决策树的构建过程

决策树通过递归地选择最佳特征进行划分来构建。在构建过程中,我们需要考虑多个因素来确定最佳特征。首先,我们要评估每个特征对数据集纯度的提升程度,通常使用一些指标来衡量,如基尼系数或信息增益;然后,选择能够最大程度提高子集纯度的特征作为当前节点的划分依据。这个过程会一直持续,直到满足停止条件为止。常见的停止条件包括达到最大树深度,这是为了防止决策树过度生长,变得过于复杂而导致过拟合;当每个节点的数据点数目小于预设的阈值时,停止划分,以确保每个叶节点有足够的样本支持;当没有更多合适的特征可用来划分数据时,也会停止构建过程。

3. 分类过程

当一个新的数据点需要分类时,从决策树的根节点开始,根据节点所代表的特征测试,新数据点沿着相应的分枝向下移动。例如,如果根节点是对年龄的测试,新数据点的年龄值将决定它沿着哪个分枝前进。然后,新数据点在每个内部节点继续进行特征测试,直到到达叶节点。叶节点所代表的类别就是新数据点的分类结果。这个过程就像是在一棵树上寻找果实,从树干(根节点)开始,根据不同的分枝条件(特征测试),最终找到属于自己的果实(类别)。通过这种方式,决策树能够高效地对数据点进行分类,并且其树形结构使得分类过程直观易懂,易于理解和解释模型的决策逻辑。

8.3.3　决策树示例:动物分类

在本例中,我们将通过一个决策树来分类动物,判断其是否为哺乳动物。以下是具体的步骤和决策过程。如图 8-5 所示,这个决策树示例展示了如何通过一系列特征的判断,逐步缩小分类的范围,最终确定动物是否为哺乳动物。通过决策树的层级结构,我们可以清晰地看到每一步的判断条件和结果。

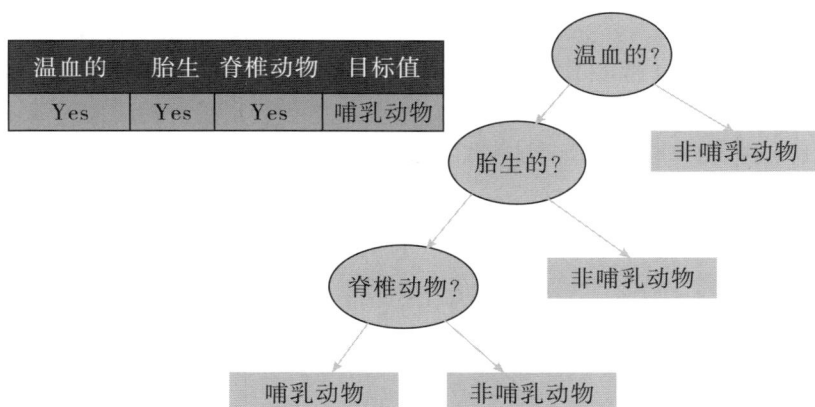

图 8 – 5 哺乳动物分类案例的决策树

1. 数据集

考虑一个用于判断动物是否为哺乳动物的数据集，其中包含如表 8 – 1 所示的特征以及目标值（是否为哺乳动物）。

表 8 – 1 案例数据（示例，前 5 个样本）

温血的 （是否温血动物）	胎生 （是否胎生）	脊椎动物 （是否脊椎动物）	目标值
Yes	Yes	Yes	哺乳动物
Yes	Yes	No	非哺乳动物
Yes	No	Yes	非哺乳动物
No	Yes	Yes	非哺乳动物
Yes	Yes	Yes	哺乳动物

这个数据集展示了不同动物的特征组合以及它们对应的是否哺乳动物的分类结果，为构建决策树提供了基础数据。

2. 决策树构建过程

从根节点开始，我们首先选择"温血的"特征作为划分依据。如果动物是温血动物，则进入下一步判断；如果不是温血动物，则直接判定为非哺乳动物。对于温血动物，我们接着检查"胎生"特征。如果是胎生动物，再进一步检查"脊椎动物"特征；如果不是胎生动物，则判定为非哺乳动物。对于温血且胎生的动物，当检查"脊椎动物"特征时，如果是脊椎动物，则判定为哺乳动物；如果不是脊椎动物，则判定为非哺乳动物。通过这样逐步的特征判断和分枝划分，我们可以构建出一个能够准确分类动物是否哺乳动物的决策树。

3. 贪心算法与最佳拆分

决策树的构建过程也叫树的导出（Induction）。如图 8 – 6 所示，每次对树进行分枝的时候，我们就把数据按某个标准分为两组。我们的目标是尽可能把三角形和圆形分到两个分枝当中。一次分枝通常无法完美地分类，如图8-6所示，每个分枝中既有三角形也有圆形，这就意味着我们要找更多的标准对现在的叶节点再进行分枝。在决策树构建过程中，为了实现拆分当前节点的目标，我们通常采用贪心算法（当然贪心算法并不是唯一的方法）。贪心算法的核心是在每一步选择中，都选择当前看起来最优的解决方案，而不考虑整体的最优性。在决策树中，这意味着在选择特征进行拆分时，希望拆分后的子集能够尽可能纯净，即每个子集中的样本尽量属于同一类别，以确保整个数据集的拆分有效且合理。为了确定最佳的拆分方法，我们需要对多种因素进行分析，比如特征的重要性、节点的纯度、数据的分布情况以及子集的大小等。例如，在上述动物分类的例子中，选择"温血的"作为第一个拆分特征，是因为它能够在当前节点下最大程度地提高子集的纯度，使得后续的分类更加准确和高效。图8-7比较了两种拆分，右侧的拆分显示了什么是所谓"更均匀"的拆分。

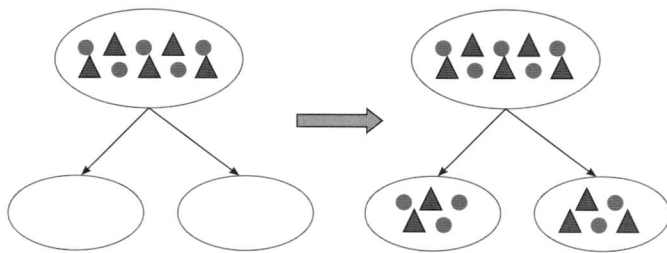

图8-6　决策树导出

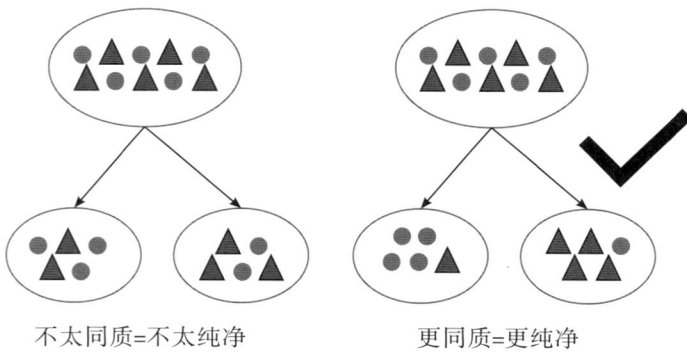

不太同质=不太纯净　　更同质=更纯净

左图：不太同质 = 不太纯净
（1）划分后，两个子集中仍然包含混合的类别，这表示该划分方法并不是最佳的。
（2）子集1包含了混合的三角形和圆形。
（3）子集2同样包含了混合的三角形和圆形。
右图：更同质 = 更纯净
（1）这种划分方式使得每个子集内部的样本更加同质，即每个子集中大部分样本属于同一类别。
（2）子集1几乎是圆形。
（3）子集2几乎是三角形。

图8-7　决策树导出的"均匀"性示意

4. 杂质测量与变量选择

在构建决策树时，杂质测量是确定最佳拆分点的关键步骤。常用的杂质测量方法有基尼系数和信息增益。基尼系数用于衡量节点的纯度，其计算公式为：

$$Gini = 1 - \sum_{i=1}^{n} p_i^2$$

其中，p_i 表示类别 i 的概率。当基尼系数越低时，节点越纯净，即子集中的数据点更倾向于属于同一类别（见图 8-8）。

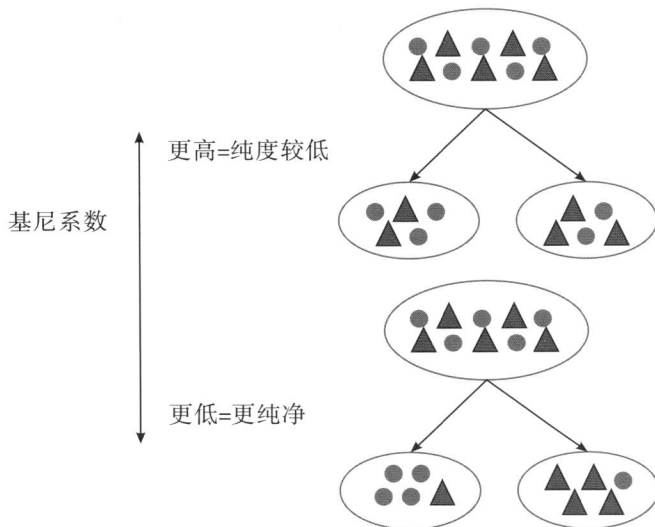

图 8-8 基尼系数与分枝纯度

信息增益则通过计算信息熵的减少量来确定最佳拆分。信息熵是一个度量样本集合纯度的指标，信息熵越低，纯度越高。

信息熵的计算公式为：

$$H = - \sum_{i=1}^{n} p_i \log_2(p_i)$$

其中，p_i 为类别 i 的概率。

在选择拆分变量时，我们通常需要测试所有可能的变量，并计算每个变量在不同拆分点下的子集纯度；然后，将能够产生最高纯度子集的变量和拆分点作为最佳选择。例如，在动物分类的决策树中，我们通过计算每个特征（如"温血的""胎生""脊椎动物"）在不同拆分点下的基尼系数或信息增益，可以确定最佳的拆分顺序和拆分点，从而构建出高效、准确的决策树。

5. 停止拆分条件

为了防止决策树过度复杂化并保持模型的泛化能力，我们需要确定何时停止节点的进一步拆分。常见的停止拆分条件包括：当一个节点中的所有样本（或指定比例 $X\%$ 的样本）都属于同一类别时，该节点被认为是纯净的，此时停止拆分；当节点中的样本数量达到预先设定的最小阈值时，停止拆分，以确保每个叶节点至少包含一定数量的样本，避免因样本过少而导致的过拟合问题；如果在进一步拆分后，杂质测量（如基尼系数或信息增益）的减少小于一个预定的阈值，则停止拆分，这意味着进一步的拆分不会显著提高子集的纯净度；当决策树达到预先设定的最大树深度时，停止拆分，最大树深度限制了树的层数，防止树变得过于复杂。此外，根据具体问题的需求，我们还可以设置其他停止条件，如树的最大叶节点数等。我们在后面的章节中会更加详细地讨论这些问题。

8.3.4 决策树导出示例

1. 拆分 1：基于收入的第一次拆分

假设有一个数据集，其包含债务（Debt）和收入（Income）两个变量，用于预测某个结果（如信用风险）。我们可以理解为每个数据点代表一个个人或者公司。在构建决策树时，可以选择收入作为第一个拆分变量，通过分析数据，找到一个合适的阈值 t_1，将收入变量分成两部分：收入大于 t_1 和收入小于或等于 t_1。该阈值将数据集分成两个子集：左子集包含收入小于或等于 t_1 的样本，右子集包含收入大于 t_1 的样本，为收入变量生成了两个分枝节点。生成的两个分枝节点一个表示收入小于或等于 t_1，另一个表示收入大于 t_1。对于每个分枝节点，我们需要进一步检查是否继续拆分，或者根据停止条件判断是否停止拆分。这个过程在数据空间中体现为一条垂直于收入轴的直线，其将数据划分为两个区域，为后续的分类奠定了基础（见图 8 - 9）。

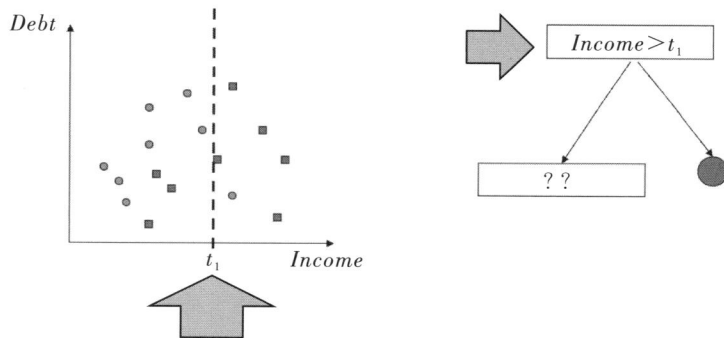

图 8 - 9　决策树第一次分枝

2. 拆分 2：基于债务的第二次拆分

在第一次拆分后，对于收入小于或等于 t_1 的子集，我们选择债务作为第二个拆分变量，找到一个合适的阈值 t_2，将债务变量分成两部分：债务大于 t_2 和债务小于或等于 t_2。数据集再次被分成两个新的子集：左子集包含债务小于或等于 t_2 的样本，右子集包含债务大于 t_2 的样本，为债务变量生成了两个分枝节点。这两个分枝节点分别表示债务小于或等于 t_2 和债务大于 t_2。同样，对于每个新的分枝节点，我们需要进一步检查是否继续拆分或停止拆分。这次拆分在数据空间中形成了一条平行于债务轴的直线，进一步细化了数据的分类区域（见图 8 - 10）。

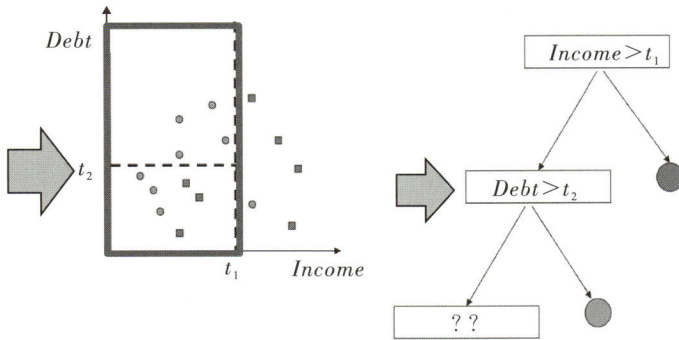

图 8 - 10 决策树第二次分枝

3. 拆分 3：基于收入的第三次拆分

在前两次拆分的基础上，对于债务小于或等于 t_2 的子集，我们再次选择收入作为拆分变量，找到一个合适的阈值 t_3，将收入变量分成两部分：收入大于 t_3 和收入小于或等于 t_3。数据集被分成两个新的子集：左子集包含收入小于或等于 t_3 的样本，右子集包含收入大于 t_3 的样本，为收入变量生成了两个分枝节点。这两个分枝节点分别表示收入小于或等于 t_3 和收入大于 t_3。对于每个分枝节点，我们继续进行后续处理，根据停止条件决定是否继续拆分。这次拆分又在数据空间中形成了一条垂直于收入轴的直线，使得数据的分类更加精确（见图 8 - 11）。

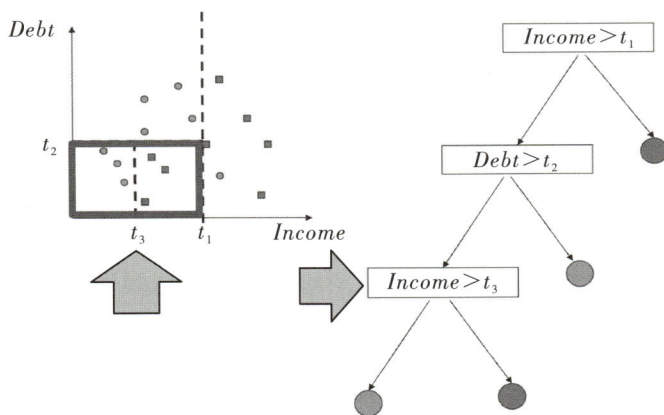

图 8 - 11 决策树第三次分枝

4. 生成的模型

通过上述一系列的拆分步骤，一个以收入和债务为变量的决策树模型被成功构建。这个模型在数据空间中通过平行于坐标轴的直线拆分，将数据逐步细分为不同的区域，最终形成了一个能够对数据进行有效分类的决策树结构。该模型具备根据个体的收入和债务数据，对其进行准确分类的能力。得益于决策树模型的结构化特征，该模型能够清晰地展示每一步的拆分过程以及最终的分类结果。在处理和分析数据时，该模型不仅能够提供直观的决策路径，还能确保分类结果的准确性和可靠性。决策树的递归分割能深入挖掘收入和债务之间的关系，并以此为基础，对不同收入水平和债务状况的个体进行精确的分类。这一模型的建立显著提高了数据分析的效率，为决策过程提供了科学、合理的依据，使得我们能够更加有效地理解和处理复杂的数据关系，从而在实际应用中做出更加明智的决策，例如该模型能在信用评估、风险预测等领域发挥重要作用。

8.3.5 决策树在鸢尾花分类中的应用

1. 数据准备与可视化

首先，我们需要导入一些必要的 Python 库，其包括用于处理数据的 numpy 和 pandas 库，用于加载鸢尾花数据集的 sklearn. datasets 模块，用于构建决策树模型的 sklearn. tree 模块，用于将数据集划分为训练集和测试集的 sklearn. model_ selection 模块，以及用于数据可视化的 matplotlib. pyplot 库。具体代码如下：

```
import numpy as np
import pandas as pd
from sklearn. datasets import load_iris
from sklearn import tree
from sklearn. model_selection import train_test_split
import matplotlib. pyplot as plt
```

然后，我们需要使用 load_ iris ( ) 函数加载鸢尾花数据集，并将其存储在变量 Iris 中。接着，我们通过 matplotlib 库绘制散点图来展示数据集中两个特征（如萼片长度与萼片宽度）之间的关系，同时根据目标类别（鸢尾花的种类）对点进行着色。这样的可视化操作可以帮助我们直观地观察数据的分布情况，发现不同类别之间的差异，为后续的模型构建和分析提供重要的参考依据。具体代码如下：

```
'''这行代码加载了鸢尾花数据集，并将其存储在变量 Iris 中。这里 load_ iris ()
是一个函数，能够加载并返回鸢尾花数据集。
'''
Iris = load_ iris ()
'''使用 matplotlib 的 subplots () 函数创建一个绘图区域和坐标轴对象。_ 是一个常用的占位符，用于接收不需要使用的返回值（在这里是绘图区域对象）。ax 是坐标轴对象，后续的绘图操作将在这个坐标轴上进行。
'''
_, ax = plt. subplots ()
'''使用坐标轴对象 ax 的 scatter () 方法绘制散点图。Iris. data [:, 0] 和
Iris. data [:, 1] 分别表示取数据集中的第一列和第二列数据作为 x 和 y 坐标。
c = Iris. target 表示点的颜色根据目标类别（即鸢尾花的种类）来着色。
'''
```

```
scatter = ax. scatter (Iris. data [:, 0], Iris. data [:, 1],
c = Iris. target)
'''设置 x 轴和 y 轴的标签。Iris. feature_names [0] 和
Iris. feature_names [1] 分别表示数据集中第一列和第二列特征的名字。
'''
ax. set (xlabel = Iris. feature_names [0],
ylabel = Iris. feature_names [1])
'''为散点图添加图例。scatter. legend_elements () [0] 获取散点图中用于表
示不同颜色的标记（即不同类别的标记）。Iris. target_names 是目标类别的名字
列表。loc = " lower right" 指定图例的位置在图的右下角。
title = " Classes" 设置图例的标题为"Classes"。
'''
_ = ax. legend ( scatter. legend_elements () [0],
Iris. target_names, loc = " lower right", title = " Classes" )
```

鸢尾花数据如图 8 – 12 所示。

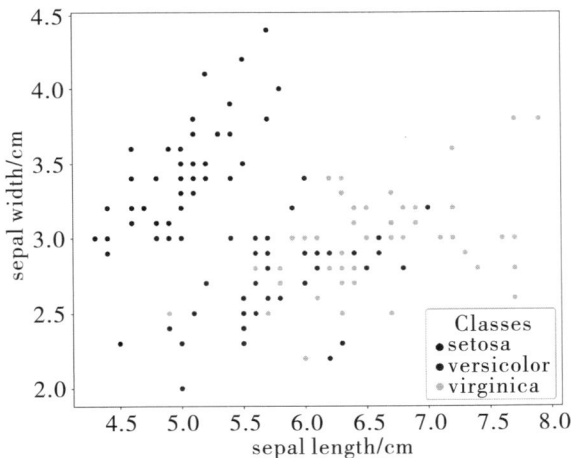

图 8 – 12　鸢尾花数据

2. 数据分割

我们需要从加载的鸢尾花数据集中提取特征数据（X）和目标类别标签（y），然后使用 train_test_split（）函数将数据集按照一定的比例（如 70% 作为训练集，30% 作为测试集）随机划分为训练集（train_X 和 train_y）和测试集（test_X 和 test_y）。在划分过程中，设置随机种子（如 random_state = 30）可以确保每次划分的结果具有可重复

性，使得实验结果更加可靠和稳定。具体代码如下：

```
X = load_iris (). data
y = load_iris (). target
train_X, test_X, train_y, test_y = train_test_split ( X, y,
test_size =0. 3, random_state =30)
```

3. 模型创建与训练

我们可以创建一个决策树模型，指定使用基尼系数（criterion = 'gini'）作为杂质测量标准，然后使用训练集数据（train_X 和 train_y）调用 fit（）方法对模型进行训练。在训练过程中，决策树模型根据训练数据中的特征和类别信息，递归地选择最佳特征进行划分，构建出决策树结构，学习数据中的分类模式和规律。

我们还可以创建另一个模型（DTmodel_2）。在这个模型中，我们进一步设置了最小的叶节点尺寸和决策树的最大深度。具体代码如下：

```
DTmodel = tree. DecisionTreeClassifier (criterion = 'gini')
DTmodel. fit (train_X, train_y)
DTmodel_2 = tree. DecisionTreeClassifier (criterion = 'gini',
max_ depth =5, min_samples_leaf =5)
DTmodel_2. fit (train_X, train_y)
```

4. 模型评估

训练完成后，我们需要分别计算模型在训练集和测试集上的准确率。通过调用模型的 score（）方法，我们传入训练集数据（train_X 和 train_y）得到训练集准确率，传入测试集数据（test_X 和 test_y）得到测试集准确率。在这个例子中，模型训练集的准确率为 1.000，测试集的准确率为 0.978。训练集准确率较高表明模型在训练数据上能够很好地拟合数据，学习数据中的特征和规律；测试集准确率较高且与训练集准确率较为接近，说明模型具有较好的泛化能力，能够将在训练集中学习到的知识有效地应用到新的测试数据上，对未知数据进行准确的分类预测。具体代码如下：

```
print (" 模型训练集的准确率:% . 3f" % DTmodel. score (train_X,
train_y))
print (" 模型测试集的准确率:% . 3f" % DTmodel. score (test_X, test_y))
DTmodel. get_depth ()      #返回结果为 6
DTmodel_2. get_depth () #返回结果为 4
```

5. 决策树深度分析

我们需要调用决策树模型的 get_depth（）方法获取模型的深度。在这个例子中，第一个模型深度为 6，第二个模型深度为 4。决策树的深度反映了模型的复杂程度，深度越大，模型越复杂，可能对训练数据的拟合能力越强，但也可能更容易出现过拟合问题；深度越小，模型越简单，泛化能力可能相对越强，但可能无法充分捕捉数据中的复杂关系。分析决策树的深度，可以让我们对模型的性能和复杂度有更深入的了解，为进一步优化模型提供参考依据。

具体来说，深度为 6 的决策树（DTmodel）相对更复杂，因为它在训练过程中可能生成更多的分枝和节点，以更细致地划分数据。这种复杂性可能使模型能够更好地捕捉训练数据中的细节，但也可能增加过拟合的风险，即模型在训练数据上表现良好，但在新数据上的泛化能力可能受限。

相比之下，深度为 4 的决策树（DTmodel_2）则相对更简单。它可能在训练过程中进行了较少的分枝，这有助于减少过拟合的风险，因为模型不会过于复杂以至于"记住"训练数据的每一个细节。然而，这种简单性也可能导致模型无法充分捕捉数据的所有重要特征，从而影响其在训练数据和新数据上的性能。

8.3.6　分类决策树总结

决策树模型在分类任务中具有显著的优势，其主要特点包括模型的简单性、解释性和相对低廉的计算成本。

1. 简单且易于解释

决策树通过递归地分割数据集，形成了一系列清晰的"如果 – 那么"规则，构建出直观的分类模型。每个节点代表一个属性的测试，分枝代表测试结果，每个叶节点代表一个类别。这种树状结构非常直观明了，使得模型易于理解和解释，即使是非专业人士也能够轻松掌握模型的决策逻辑。例如，在上述动物分类的决策树中，我们可以清晰地看到从根节点开始，根据动物的特征逐步判断，最终得出是否为哺乳动物的结论，整个过程一目了然。

2. 计算成本低廉

决策树的构建过程采用贪心算法，在每一步选择当前最优的属性进行数据分割。这种方法虽然简单，但在计算上非常高效，能够在较短的时间内构建出可用的分类模型。尤其是在处理大规模数据集时，这一特性尤为重要，使得决策树能够在实际应用中快速处理大量数据，提供及时的分类结果。

3. 贪心算法的局限性

虽然决策树的构建过程采用了贪心算法，使得树的生成速度很快，但这种方法并不能保证找到全局最优的解决方案。贪心算法仅在当前步骤选择最优的属性进行分割，可能会忽略整体的最优性，导致次优的分类效果。因此，在实际应用中，我们有时需要结合其他方法对决策树进行优化，如剪枝技术，通过剪掉一些不必要的分枝，减少模型的复杂度，提高模型的泛化能力，以提升模型的性能。

4. 直线形决策边界

决策树的分割过程在数据空间中形成了平行于坐标轴的直线形决策边界。每一次拆分都对应于一个变量的阈值，这使得决策树模型的决策边界呈现为垂直或水平的直线。这种方式简化了计算过程，使得模型的构建和理解更加直观，但同时限制了决策边界的复杂性。对于某些具有复杂数据分布、非线性关系的问题，直线形决策边界可能无法准确地划分数据，从而影响模型的分类准确性。在这种情况下，我们可能需要考虑使用其他更适合处理非线性关系的分类模型，或者对数据进行预处理，使其更适合用决策树进行分类。

分类决策树模型因其生成的树通常简单且易于解释、计算成本低廉而被广泛应用。然而，贪心算法的局限性和直线形决策边界的简单性使得该模型在某些情况下不能达到最优效果。因此，在实际应用中，该模型常常需要结合其他优化方法来提升决策树的性能，确保分类结果的准确性和可靠性，以满足不同实际问题的需求。

8.4 朴素贝叶斯

8.4.1 朴素贝叶斯概述

1. 核心思想

朴素贝叶斯是一种常见且强大的概率分类算法，其核心思想基于贝叶斯定理。在朴素贝叶斯模型中，一个关键的假设是特征之间相互独立，即在给定类别标签的条件下，各个特征之间不存在关联关系。尽管这一假设在现实世界中往往不完全成立，但令人惊讶的是，朴素贝叶斯在许多实际应用中能够取得良好的效果，为分类问题提供了一种简单而有效的解决方案。

2. 贝叶斯规则的应用

朴素贝叶斯分类器利用贝叶斯规则，根据已知的特征向量（即输入数据），巧妙地计算每个类别的概率。这个概率代表了输入数据属于某一特定类别的可能性。通过这种方式，朴素贝叶斯将分类问题转化为概率计算问题，依据概率大小来确定样本所属的类别。

3. 输入要素与类别的关系

模型通过计算特征向量中每个特征在不同类别下的条件概率，建立起输入要素与类别之间的概率关系。具体而言，对于给定的类别，我们计算每个特征出现的概率，然后根据这些概率来评估输入数据属于该类别的可能性。这种基于概率的方法使得朴素贝叶斯能够处理具有不确定性的数据，并且在面对新的数据时，能够根据已有的概率关系进行分类预测。

4. 标签选择

在计算出每个类别的概率后，朴素贝叶斯模型会果断选择概率最高的类别作为输入数据的标签。也就是说，样本的标签被确定为给定输入下概率最高的那个类别。这种基于概率最大化的标签选择策略使得朴素贝叶斯能够在多个类别中做出合理的决策，为数据分类提供了一种有效的方法。

5. 有效性与应用领域

当数据量非常大、特征众多且具有较为一致的先验概率（即各个类别的发生概率相对均衡）时，朴素贝叶斯方法展现出其独特的有效性。即使特征之间的独立性假设在实际中不完全成立，它也依然能够在大多数情况下提供可靠的分类结果。朴素贝叶斯被广泛应用于文本分类、垃圾邮件过滤、患者分类等诸多领域。例如，在文本分类中，它可以根据词语在不同类别文本中的出现频率来判断一篇文章的主题；在垃圾邮件过滤中，它可以依据邮件内容中特定词语的出现概率来判断邮件是否为垃圾邮件；在患者分类中，它可以根据患者的症状、病史等特征的概率分布来预测患者可能患有的疾病。

8.4.2 朴素贝叶斯分类器

1. 基于概率的分类原理

朴素贝叶斯分类器坚定地基于概率来进行分类决策。对于给定的输入特征向量，模型会全力以赴地计算该输入属于每个类别的概率，然后毫不犹豫地选择概率最大的类别作为最终的分类结果。这种基于概率的分类方式使得朴素贝叶斯分类器能够在面对不确定性时做出合理的判断，并且能够处理多分类问题，为各种分类场景提供了一种有效的解决方案。

2. 贝叶斯定理的基础作用

朴素贝叶斯分类器的坚实基础是贝叶斯定理，该定理精确地描述了如何通过先验概率和似然概率计算后验概率。贝叶斯定理建立了条件概率之间的重要关系，为朴素贝叶斯分类器提供了理论依据，使得模型能够根据已知信息合理地推断未知情况，在分类过程中发挥着关键作用。

3. 特征独立性假设的影响

朴素贝叶斯模型大胆假设各个特征在给定类别标签的条件下是相互独立的。这一假设极大地简化了计算过程，使得模型在处理大规模数据时能够保持高效的计算速度。尽管在实际应用中，特征之间往往存在一定的相关性，但在许多情况下，朴素贝叶斯分类器凭借这一假设仍然能够取得令人满意的性能，成为一种实用的分类工具。

8.4.3 事件发生的概率

下面我们简要地介绍一下了解使用贝叶斯公式前必要的概率论的基础知识。如果读者已经学过概率论或者概率统计，则可以跳过这一部分。

1. 事件 A 发生的概率计算

事件 A 发生的概率计算公式为 $P(A) = \dfrac{\text{事件发生的数量}}{\text{全部可能结果的数量}}$。这个公式清晰地告诉我们，要确定事件 A 发生的概率，需要统计事件 A 发生的次数，并将其除以所有可能结果的总次数。例如，对于一个标准的六面骰子，我们掷出任意一个面的可能性是相等的。因为骰子总共有 6 个面，所以全部可能结果的数量为 6。而掷出 6 点这一事件发生的可能次数为 1，因此根据公式计算掷出 6 点的概率为 $\dfrac{1}{6}$，这表示在一次随机掷骰子的过程中，掷出 6 点的概率是 $\dfrac{1}{6}$。掷出偶数点这个事件发生的次数是 3，因为 2、4、6 都是偶数点，所以掷出偶数点的概率就是 $\dfrac{3}{6}$，也就是 50%。

2. 联合概率的概念与计算

在概率论中，联合概率用于精确描述两个或多个事件同时发生的概率。对于两个独立事件 A 和 B，联合概率的计算公式为 $P(A \cap B) = P(A)P(B)$。这个公式表明，两个独立事件同时发生的概率等于它们各自发生概率的乘积。例如，在掷两个独立骰子的情况下，每个骰子掷出 6 点的概率为 $\dfrac{1}{6}$，那么两个骰子同时掷出 6 点的联合概率为 $P(6 \cap 6) = P(6)P(6) = \dfrac{1}{6} \times \dfrac{1}{6} = \dfrac{1}{36}$，即两个独立骰子同时掷出 6 点的概率是 $\dfrac{1}{36}$。

3. 条件概率的含义与计算

条件概率用于描述在已知某一事件发生的前提下，另一事件发生的概率。其计算公式为 $P(A \mid B) = \dfrac{P(A \cap B)}{P(B)}$，表示在事件 B 发生的前提下，事件 A 发生的概率；$P(A \cap B)$ 表示事件 A 和事件 B 同时发生的概率；$P(B)$ 表示事件 B 发生的概率。例如，假设我们知道一个人是男性（事件 B），并且知道在整个男性人群中有 10% 的人身高超过 180 厘米［事件 A 和事件 B 同时发生的概率 $P(A \cap B) = 0.1$］，而总共有 50% 的人是男性［事件 B 发生的概率 $P(B) = 0.5$］，那么根据条件概率公式计算，在已知一个人是男性的前提下，他身高超过 180 厘米的概率 $P(A \mid B) = \dfrac{P(A \cap B)}{P(B)} = \dfrac{0.1}{0.5} = 0.2$，即 20%。

8.4.4 应用贝叶斯定理概率分类的应用

1. 贝叶斯定理在分类中的应用

给定特征 $X = \{x_1, x_2, \cdots, x_n\}$，我们的目标是预测类别 C。为了实现这一目标，我们需要找到类别 C 的值使得概率 $P(C \mid X)$ 的值最大化。然而，直接估计类别 C 的值是相当困难的。幸运的是，贝叶斯定理为我们提供了一种有效的方法来简化这个问题。贝叶斯定理描述了条件概率和联合概率之间的关系，其公式为：

$$P(B \mid A) = \frac{P(A \mid B)P(B)}{P(A)}$$

在分类问题中,我们可以将其转化为:

$$P(C \mid X) = \frac{P(X \mid C)P(C)}{P(X)}$$

这里,$P(C \mid X)$ 表示在给定特征的情况下类别 C 的概率(后验概率),这是我们希望最大化的量;$P(X \mid C)$ 表示在给定类别的情况下观测到特征的概率[似然(Likelihood)概率],它衡量了类别 C 如何解释特征 X;$P(C)$ 表示类别 C 本身的概率(先验概率),即在没有任何特征信息时,我们对类别 C 的初始估计;$P(X)$ 表示观测到特征的概率(边际概率),它是一个归一化常数,确保后验概率的总和为 1。

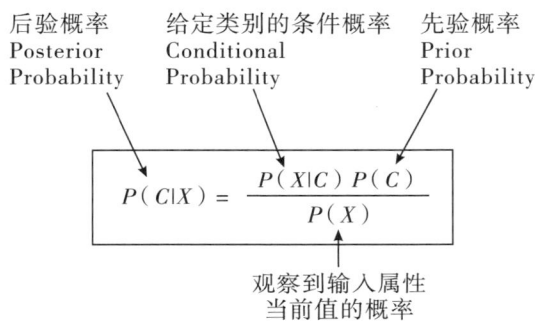

后验概率　　给定类别的条件概率　　先验概率
Posterior　　Conditional　　Prior
Probability　　Probability　　Probability

$$P(C \mid X) = \frac{P(X \mid C)\ P(C)}{P(X)}$$

观察到输入属性
当前值的概率

图 8 – 13　后验概率公式解析 1

2. 后验概率的最大化

由于边际概率 $P(X)$ 对于所有类别是一个常数,在寻找使后验概率 $P(C \mid X)$ 最大化的类别时,我们可以忽略它,只需比较分子部分 $P(X \mid C)P(C)$ 即可。因此,我们的任务就转化为计算每个类别的 $P(X \mid C)P(C)$,并选择其中值最大的类别作为预测结果。在实际应用中,我们通过从数据中估计 $P(X \mid C)$ 和 $P(C)$ 来计算后验概率 $P(C \mid X)$。

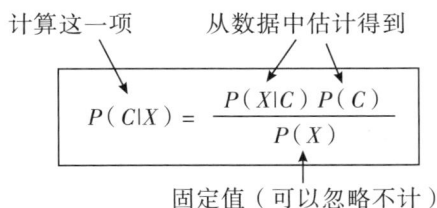

计算这一项　　从数据中估计得到

$$P(C \mid X) = \frac{P(X \mid C)\ P(C)}{P(X)}$$

固定值(可以忽略不计)

图 8 – 14　后验概率公式解析 2

3. 先验概率的估计

为了估计 $P(C)$,即类别的先验概率,我们需要计算类别 C 在全部训练集中的比例。例如,假设有一个训练集包含 100 个样本,其中 30 个属于类别 A,50 个属于类别 B,20 个

属于类别 C，那么类别 A 的先验概率 $P(A) = \dfrac{30}{100} = 0.3$，类别 B 的先验概率 $P(B) = \dfrac{50}{100} =$ 0.5，类别 C 的先验概率 $P(C) = \dfrac{20}{100} = 0.2$。

4. 条件概率的估计

为了估计 $P(X|C)$，我们假设各个属性之间相互独立，即独立性假设。根据这一假设，我们有 $P(X|C) = P(x_1|C)P(x_2|C)\cdots P(x_n|C)$。这种假设大大简化了计算，因为我们只需要估计每个属性在给定类别下的条件概率。例如，对于一个包含两个特征 x_1（年龄）和 x_2（收入）的数据集，要估计在类别 C（如是否购买某产品）下的 $P(X|C)$，我们可以分别计算 $P(x_1|C)$（年龄在类别 C 下的概率分布）和 $P(x_2|C)$（收入在类别 C 下的概率分布），然后将它们相乘得到 $P(X|C)$。

5. 示例计算

假设我们有以下训练数据集，用于预测个人贷款违约情况。如表 8-2 所示，数据集共有 10 个数据点，3 个变量。变量 1 表示此人是否拥有房产，变量 2 表示此人的婚姻状况（单身、已婚还是离异），变量 3（也就是我们要预测的类型）表示此人是否发生了贷款违约。

表 8-2　贷款违约数据

是否房主	婚姻状况	贷款违约
Yes	Single	No
No	Married	No
No	Single	No
Yes	Married	No
No	Divorced	Yes
No	Married	No
Yes	Divorced	No
No	Single	Yes
No	Married	No
No	Single	Yes

首先，我们计算类别（贷款违约：是/否）的先验概率。在这个数据集中，有 3 个样本违约（是），7 个样本未违约（否），所以 $P(违约) = 0.3$，$P(未违约) = 0.7$。

然后，我们计算每个特征在给定类别下的条件概率。例如，在违约样本中，婚姻状况为"Single"的有 2 个，所以 $P(婚姻状况 = \text{Single} | 违约) = \dfrac{2}{3}$；在未违约样本中，房

主为 "Yes" 的有 3 个，所以 $P($房主 $=$ Yes $\mid$ 未违约$)=\dfrac{3}{7}$。

假设现在有一个新的样本，其特征为 "房主 $=$ No，婚姻状况 $=$ Single"，要预测其是否违约。首先，我们计算在违约类别下观察到这个特征的概率：

$$P(X\mid 违约)=P(房主=No\mid 违约)P(婚姻状况=Single\mid 违约)=\frac{3}{3}\times\frac{2}{3}=\frac{2}{3}$$

其中，X 代表 "单身非房主" 这个特征。又根据总体的违约概率 $P(违约)=0.3$，有 $P(X\mid 违约)P(违约)=\dfrac{2}{3}\times 0.3=\dfrac{1}{5}$。

接着，我们计算在未违约类别下观察到这个特征的概率：

$$P(X\mid 未违约)=P(房主=No\mid 未违约)P(婚姻状况=Single\mid 未违约)=\frac{4}{7}\times\frac{2}{7}=\frac{8}{49}$$

$$P(X\mid 未违约)P(未违约)=\frac{8}{49}\times 0.7=\frac{4}{35}$$

最后，我们比较这两个概率，$\dfrac{1}{5}>\dfrac{4}{35}$，所以预测这个新样本违约的概率远大于不违约的概率。因此该客户的贷款申请风险较高。

8.4.5　朴素贝叶斯算法流程

1. 准备工作阶段

我们需要确定用于分类的特征属性，这些特征属性应与分类问题相关且具有代表性。例如，在文本分类中，词汇特征可能是关键的特征属性；在图像分类中，图像的颜色、纹理、形状等特征可以作为分类依据。然后，我们收集并准备好用于训练的样本数据，确保样本数据包含完整的特征属性和准确的对应类别标签。数据的质量和完整性对模型的性能有着重要影响。

2. 分类器训练阶段

我们需要计算每个类别的先验概率 $P(y_i)$，这可通过统计训练集中每个类别出现的频率来实现。例如，在一个包含多个类别的数据集里，计算每个类别的样本数量占总样本数量的比例就是计算该类别的先验概率。接着，我们需要对于每个特征属性 X_k，计算在类别 y_i 下该特征属性的条件概率 $P(X_k\mid y_i)$。根据独立性假设，我们通过统计在每个类别中特征属性的取值分布来计算条件概率。最后，我们需要结合先验概率和条件概率，计算每个类别的联合概率 $P(y_i,X)$，为后续的分类预测奠定基础。

3. 应用阶段

对于给定的样本，我们计算所有类别的联合概率 $P(y_i,X)=p(X\mid y_i)p(y_i)$，然后选择其中值最大的类别作为预测结果，即将样本归为概率最大的那个类别。我们在上文曾说分类就是要比较条件概率 $P(y_i\mid X)$，现在为什么变成了比较联合概率呢？理论上，我们的确是要比较 $P(y_i\mid X)$，但是因为分母 $P(X)$ 对所有类别都一样，所以变成了只需要

比较联合概率 $P(y_i, X)$ 就可以分类了。通过这种方式，朴素贝叶斯能够对新的数据进行分类预测，并应用在实际问题中，如垃圾邮件分类、疾病诊断等领域。

8.4.6　朴素贝叶斯代码示例

以下是使用 Python 的 sklearn 库中的高斯朴素贝叶斯分类器进行模型训练和评估的示例代码：

```
#导入朴素贝叶斯模块
from sklearn import naive_bayes
from sklearn. model_selection import train_test_split
import numpy as np

#生成一些随机数据用于示例（这里假设数据已经预处理好了）
X = np. random. rand (100, 2)    #生成100个样本，每个样本有2个特征
y = np. random. randint (0, 3, 100)    #随机生成0、1或2的类别标签

#将数据划分为训练集和测试集
train_X, test_X, train_y, test_y = train_test_split (X, y,
test_size = 0.2, random_state = 42)

#创建高斯朴素贝叶斯分类器实例
NBmodel = naive_bayes. GaussianNB ()

#使用训练数据进行模型训练
NBmodel. fit (train_X, train_y)

#计算并打印模型在训练集和测试集上的准确率
print ("模型训练集的准确率:% . 3f" % NBmodel. score (train_X, train_y))
print ("模型测试集的准确率:% . 3f" % NBmodel. score (test_X, test_y))
```

8.4.7　朴素贝叶斯总结

朴素贝叶斯是一种基于贝叶斯定理的分类算法，具有以下优点和局限性：

1. 优点

快速且简单：朴素贝叶斯实现起来相对容易，计算速度快，尤其适用于大规模数据集。其简单的原理和高效的计算使它能够在短时间内处理大量数据，提供快速的分类结果。

扩展性好：该算法能够很好地扩展到多分类问题，并且能够处理高维数据。在处理多类别分类任务时，朴素贝叶斯能够有效地计算每个类别的概率，并做出合理的分类决策。对于高维数据，如文本分类中词汇数量众多导致的高维特征空间，朴素贝叶斯也能够较好地应对。

实践中效果良好：尽管其特征之间相互独立的假设在实际中有时不成立，但在许多实际应用中，朴素贝叶斯依然表现出色，尤其是在文本分类和垃圾邮件过滤等领域。它能够根据词语的出现频率等特征有效地判断文章主题或邮件是否为垃圾邮件。

2. 局限性

独立性假设可能不成立：朴素贝叶斯假设特征之间相互独立，但在现实世界中，特征之间往往存在一定的相关性。例如，在文本分类中，某些词语的出现可能与其他词语存在关联。然而，即使独立性假设不完全成立，朴素贝叶斯在很多情况下仍能取得较好的效果，但在一些对特征相关性敏感的问题中，其性能可能会受到影响。

不能对要素之间的交互项进行建模：由于假设特征之间相互独立，朴素贝叶斯无法捕捉要素之间的交互作用。在某些复杂应用中，要素之间的交互可能对分类结果有重要影响，此时朴素贝叶斯的局限性就会显现出来，即可能无法提供最准确的分类结果。

综上所述，朴素贝叶斯是一种快速、简单且有效的分类算法，尽管存在一定的局限性，但在许多实际应用中仍然表现出色，是数据科学和机器学习领域中常用的分类工具之一。在实际使用时，我们需要根据具体问题的特点和需求，权衡其优缺点，决定是否选择朴素贝叶斯或考虑将其与其他算法结合使用，以达到更好的分类效果。

本章小结

在本章中，我们深入学习了几种重要的分类模型，包括 K 最近邻算法、决策树和朴素贝叶斯，它们各自具有独特的特点和优势，在不同的应用场景中发挥着关键作用。

K 最近邻算法基于"物以类聚，人以群分"的思想，通过测量样本间的距离来进行分类。其优点在于简单易懂、易于实现、无须复杂的训练过程，且特别适合多分类问题。然而，它也面临着样本不平衡、计算量大和可理解性差等挑战。在实际应用中，选择合适的 K 值对于提高模型性能至关重要，需要根据数据特点和问题需求进行权衡。

决策树通过递归地分割数据集，构建出直观的树状结构用于分类。它的优势明显，模型简单且易于解释，计算成本相对较低，能够处理大规模数据。同时，决策树在许多集成学习方法中作为基础组件，能够进一步提升模型的性能。但是，贪心算法的使用可能使得它无法找到全局最优解，直线形决策边界在处理复杂数据分布时可能存在局限性。

在实际应用中，我们可以通过调整停止条件、采用剪枝技术等方法来优化决策树，提高其泛化能力。

朴素贝叶斯基于贝叶斯定理，假设特征之间相互独立，尽管这一假设在实际中不一定完全成立，但其在许多情况下仍能提供可靠的分类结果。它具有快速、简单、扩展性好等优点，在文本分类、垃圾邮件过滤等领域表现出色。不过，由于无法对要素之间的交互项进行建模，它在某些复杂应用中可能会受到限制。在实际应用中，我们需要根据数据的特性和问题的复杂性来选择是否使用朴素贝叶斯，或者考虑将其与其他算法相结合，以弥补其不足。

这些分类模型在实际应用中都具有重要价值，但也都有各自的局限性。在面对具体的分类问题时，我们需要充分理解数据的特点、问题的需求以及模型的特性，选择最合适的分类模型或模型组合，以实现准确、高效的分类预测，为决策提供有力支持，推动各领域的数据驱动应用不断发展。同时，随着技术的不断进步，分类模型也在持续发展和改进，未来有望在更多领域发挥更大的作用，为解决复杂的实际问题提供更强大的工具。

9 模型评价

9.1 模型评价概述

9.1.1 模型评价的意义

在数据科学领域，模型评价是构建有效模型不可或缺的环节。它犹如一面镜子，能准确反映模型在处理实际数据时的性能表现，包括准确性、可靠性以及泛化能力等关键方面。通过对模型进行全面而细致的评价，我们可以深入洞察模型的优势与不足，为进一步优化模型提供坚实的依据，确保模型在实际应用中发挥出最佳效能，从而做出精准且可靠的预测或分类。因此，我们专门用一章来介绍对模型的评价（主要是针对分类模型的评价）。

9.1.2 模型评价的指标

1. 错误率与准确率

错误率是衡量模型预测错误比例的关键指标，其计算方法为错误的分类样本数量除以样本总数量，即错误率 $= \dfrac{错误的分类样本数量}{样本总数量} \times 100\%$。例如，在一个包含 200 个样本的数据集中，若模型预测错误了 20 个样本，则错误率为 $\dfrac{20}{200} \times 100\% = 10\%$。

准确率则是模型预测正确的比例，等于 1 - 错误率。在上述例子中，准确率为 1 - 10% = 90%。这两个指标以直观的方式呈现了模型的基本性能，是常用的评价指标之一。

2. 混淆矩阵及相关指标

混淆矩阵是评估分类模型性能的重要工具，尤其在多分类问题中能提供丰富信息。以第 8 章中的哺乳动物分类为例，假设我们有一个简单的数据集，用于判断动物是否哺乳动物，包含以下特征：温血的（是/否）、胎生（是/否）、脊椎动物（是/否）。我们构建了一个分类模型，并对一些动物进行了预测，得到表 9-1 的结果。

表 9 – 1　数据的标签统计

真实标签	预测标签	分类结果	数量
是（哺乳动物）	是（哺乳动物）	真阳性（True Positive）	30
是（哺乳动物）	否（非哺乳动物）	假阴性（False Negative）	10
否（非哺乳动物）	是（哺乳动物）	假阳性（False Positive）	5
否（非哺乳动物）	否（非哺乳动物）	真阴性（True Negative）	55

在混淆矩阵中，我们根据分类模型的预测结果和样本的真实类别将全部样本分为四类。真阳性（TP）表示实际为哺乳动物且被模型正确预测为哺乳动物的动物数量，这里有 30 个；真阴性（TN）表示实际为非哺乳动物且被模型正确预测为非哺乳动物的动物数量，为 55 个；假阳性（FP）表示实际为非哺乳动物但被模型错误预测为哺乳动物的动物数量，是 5 个；假阴性（FN）表示实际为哺乳动物但被模型错误预测为非哺乳动物的动物数量，为 10 个。总之，这个名称中的"真假"，代表预测结果是否与真实类别一致，即分类是否正确。阴性或者阳性代表了对于类别的预测结果。分类模型将样本中某个个体的类型预测为"哺乳动物（是）"则为阳性，预测为"非哺乳动物（否）"则为阴性。当然，这里阳性和阴性都是相对而言的。在本例中，我们的主要目的是将哺乳动物甄别出来，则"是哺乳动物"这个分类即为阳性。如果我们进行贷款违约分析，目标是将会违约的贷款申请甄别出来，则"违约"这个分类就是阳性，"不违约"这个分类就是阴性。

我们把这四种类型的统计数，以矩阵的形式表示（如表 9 – 2），得到"混淆矩阵"。表 9 – 3 是本例中的混淆矩阵。在混淆矩阵中，主对角线上的数字相加就是预测正确的样本数量（真阳性和真阴性）。反向对角线上的数字相加就是预测错误的样本数量（假阳性和假阴性）。

表 9 – 2　混淆矩阵的一般格式

真实类型标签	预测类型标签		
		Yes	No
	Yes	True Positive（TP）	False Negative（FN）
	No	False Positive（FP）	True Negative（TN）

表 9 - 3 　动物分类例子中的混淆矩阵

		预测类型标签（是否为哺乳动物）	
		是（阳性）	否（阴性）
真实类型标签 （是否为哺乳动物）	是（阳性）	30	10
	否（阴性）	5	55

基于混淆矩阵，我们可以计算出上面学到的准确率、错误率以及其他几个重要指标。准确率被定义为正确地预测样本在总样本中的比例，它的计算公式为：

$$准确率 = \frac{TP + TN}{TP + TN + FP + FN}$$

在本例中，准确率 $= \frac{30 + 55}{30 + 55 + 5 + 10} = \frac{85}{100} = 85\%$，它反映了模型总体的预测准确程度。错误率 $= 1 -$ 准确率，本例中错误率就是 15%。

准确率和错误率虽然是常用且直观的两个评价指标，但是它们也有一定的局限性，并不总是很好的指标。在分析类别不平衡的问题时，它们就不能很好地评价模型的表现。例如，在分析肿瘤是否为恶性肿瘤（癌症）的分类问题中，阳性（恶性肿瘤）在全部样本中的比例很低，假设这个比例是 3%。我们设想一个极端的情况，如果一个分类模型将所有的肿瘤都分类为非恶性（阴性），那么它的准确率可以高达 97%，这个准确率完全来自真阴性。然而，这样的模型完全无法将恶性肿瘤甄别出来，也就是一个完全没有用的分类模型。因此，我们需要其他的评价指标。

精确率被定义为全部预测为阳性的结果中预测正确的比例，它的计算公式为：

$$精确率 = \frac{TP}{TP + FP}$$

在本例中，精确率 $= \frac{30}{30 + 5} = \frac{30}{35} = 85.71\%$，它衡量了模型预测为哺乳动物的样本中实际为哺乳动物的比例。在肿瘤的例子中，精确率就是报告为阳性，结果也是恶性肿瘤的比例。较高的精确率能让医生有信心告知患者诊断结果，让其尽快开展治疗，而较低的精确率可能会让患者心惊胆战，导致经常出现虚惊一场的情况。

召回率被定义为全部阳性样本中被正确预测出来的比例，它的计算公式为：

$$召回率 = \frac{TP}{TP + FN}$$

在本例中，召回率 $= \frac{30}{30 + 10} = 75\%$，它表示实际为哺乳动物的样本中被模型正确预测为哺乳动物的比例。在肿瘤的例子里，它代表了真的恶性肿瘤能被识别出来的概率。较高的召回率也是我们追求的目标，因为它意味着较少的恶性肿瘤成为漏网之鱼，因此不会耽误患者及时的治疗。

F1 – Measure 被定义为精确率和召回率的调和平均数，它的计算公式为

$$F1 - Measure = 2 \times \frac{精确率 \times 召回率}{精确率 + 召回率}$$

在本例中，$F1 - Measure = 2 \times \frac{85.71\% \times 75\%}{85.71\% + 75\%} = 80\%$。F1 – Measure 综合考虑了精确率和召回率，能更全面地评价模型的性能。在不同的应用场景中，我们对这些指标的关注重点有所不同。例如，在医疗、金融欺诈检测等领域，F1 – Measure 尤其重要，因为这些领域对假阳性和假阴性的代价非常敏感。在疾病检测中，假阳性（将健康人误判为有病）可能导致不必要的焦虑和不必要的医疗程序。此时，精确率很重要，因为我们希望预测为阳性的结果尽可能准确。在垃圾邮件检测中，假阳性（将正常邮件误判为垃圾邮件）会导致用户错过重要信息。因此，提高精确率是关键。在安全检测（如入境检查）中，假阴性（未能检测到潜在的威胁）是一个重大风险。因此，在此类场景中，提高召回率是优先考虑的目标。

总之，精确率适用于关注减少假阳性的场景；召回率适用于关注减少假阴性的场景；F1 – Measure 则适用于需要在精确率和召回率之间取得平衡的场景。

9.1.3 模型的泛化能力

1. 泛化能力的概念

泛化（Generalization）能力是指模型在新数据（未用于训练的数据）上的表现能力。一个具有良好泛化能力的模型能够在新数据上准确地进行预测或分类，而不仅仅局限于训练数据。例如，一个训练用于识别不同鸟类品种的模型，如果它在新的鸟类图片上也能准确识别出品种，就表明该模型具有良好的泛化能力。反之，如果模型过度依赖训练数据的特定特征，无法适应新的数据，就会出现过拟合现象，导致泛化能力下降。

2. 过拟合与欠拟合

过拟合（Overfitting）是指模型在训练数据上表现优异，但在测试数据或新数据上表现糟糕的情况（见图 9 – 1）。这通常是因为模型过于复杂，过度学习了训练数据中的细节和噪声，而忽略了数据的整体趋势。例如，在一个多项式回归模型中，如果多项式的次数过高，模型可能会完美拟合训练数据中的每一个点，包括噪声点，其在面对新的数据点时，可能会产生较大的误差。以一个根据动物体重和体长预测其寿命的模型为例，如果模型过于复杂，可能会将训练数据中个别动物的特殊体重和体长与寿命的关系过度拟合，而无法准确预测新动物的寿命。

相反，欠拟合（Underfitting）是指模型过于简单，无法捕捉到数据中的复杂关系，导致其在训练数据和测试数据上都表现不佳（见图 9 – 1）。例如，使用简单的线性模型来拟合非线性数据，模型无法学习到数据中的非线性特征，从而导致预测不准确。就像用一条直线去拟合呈曲线分布的数据，显然无法很好地描述数据的真实关系。

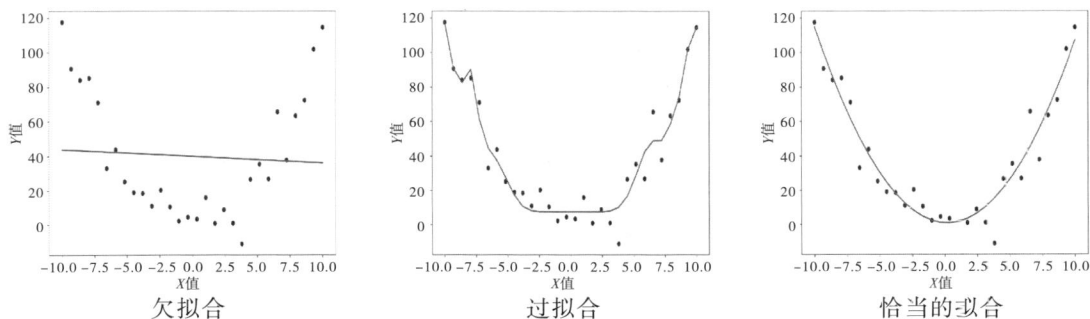

图 9 - 1　欠拟合、过拟合与恰当的拟合

总之，数据既表现结构性的特征，也有一定的随机噪声。拟合（Fitting）的目的是抓住数据中表现的结构性特点，而尽量避免被噪声干扰。

9.1.4　避免过拟合的方法

1. 数据增强

数据增强是一种通过增加训练数据量和多样性来提高模型泛化能力的有效方法。对于图像数据，我们可以进行旋转、翻转、裁剪、缩放等操作；对于文本数据，我们可以进行随机替换、插入、删除单词等操作。例如，在图像分类任务中，我们可以对原始图像进行旋转、翻转等变换，生成更多的训练样本，使模型学习到图像的不变性特征，从而减少过拟合的风险。假设我们有一个猫狗分类的图像数据集，通过对图像进行随机旋转和翻转，可以扩充数据集的规模，让模型能够学习到不同角度和姿态下猫狗的特征，从而增强模型的泛化能力。

2. 正则化

正则化是在模型的损失函数中添加正则项，以惩罚模型的复杂度。常见的正则化方法有 L1（Lasso）正则化和 L2（Ridge）正则化。L1 正则化是将模型中参数的绝对值之和作为惩罚项加入损失函数，它会使模型的部分参数变为 0，从而实现特征选择，减少模型的复杂度。L2 正则化则是在 L1 正则化的基础上增加了参数的平方和作为惩罚项，它会使模型的参数值倾向于更小，防止模型过度拟合。以线性回归模型为例，L2 正则化的损失函数为：

$$J(\theta) = \frac{1}{2m}\sum_{i=1}^{m}(h_\theta x^i - y^i)^2 + \lambda\sum_{j=1}^{n}\theta_j^2$$

其中，λ 是正则化参数，控制正则化的强度。当 λ 较大时，模型会更加注重正则化，参数值会更小，从而降低模型的复杂度，减少过拟合的可能性。前面回归分析中提到的 Lasso 回归和 Ridge 回归，就是在一般的线性回归中分别进行 L1 正则化和 L2 正则化得到的回归模型。

3. 提前停止训练

提前停止训练是一种简单而有效的防止过拟合的方法。在训练过程中，随着训练轮数的增加，模型在训练集上的误差会逐渐减小，但在验证集上的误差可能会先减小后增大。当验证集误差不再下降时，我们需停止训练，以避免模型在训练集上过度拟合。例如，在神经网络训练中，我们可以设置一个验证集，在每个训练周期结束后，计算模型在验证集上的误差。如果连续几个周期验证集误差没有改善，我们就停止训练。假设我们训练一个手写数字识别的神经网络，在训练过程中观察到验证集准确率在经过一定轮数后不再提高，甚至开始下降，此时就可以提前停止训练，防止模型过拟合。

9.2 决策树的过拟合与剪枝

9.2.1 决策树过拟合的原因

决策树过拟合的主要原因是在其构建过程中对训练数据过度拟合。当决策树过于复杂、节点过多时，它可能会学习到训练数据中的噪声和异常值，而忽略了数据的整体趋势。例如，在一个判断水果种类的决策树中，如果训练数据中存在一些错误标记的水果样本（噪声），决策树可能会为了适应这些错误样本而生成过多的分枝，导致在新的水果样本上分类错误。

9.2.2 剪枝的概念与作用

1. 剪枝的概念

剪枝（Pruning）是一种用于减少决策树复杂度，防止过拟合，提高泛化能力的技术。它通过删除决策树中的一些节点或分枝，使决策树变得更加简洁，从而避免模型过于复杂。剪枝又可以分为预剪枝（Pre-pruning）和后剪枝（Post-pruning）两种具体的方法。我们在后面会详细介绍。

2. 剪枝的作用

剪枝可以显著提高决策树的泛化能力，使其在新数据上的表现更加稳定和准确。例如，在一个预测客户是否会购买某产品的决策树中，如果不进行剪枝，决策树可能会因为过度拟合训练数据中的一些特殊情况而在新客户数据上产生较大的误差。剪枝可以去除那些对泛化能力没有帮助的分枝，使决策树更加专注于学习数据中的关键模式，从而提高对新客户的预测准确性。

9.2.3 预剪枝

1. 预剪枝的方法

预剪枝是一种在构建决策树时防止过拟合的策略。该技术通过在树的生长过程中设定特定的停止条件，来限制树的深度和复杂度。与后剪枝不同，预剪枝是在生成每个新节点之前评估是否应该继续分裂，而不是在树构建完成后进行修剪。常见的预剪枝条件有：

（1）限制节点中的样本数量：如果一个节点中的样本数量小于某个阈值，我们就可以停止该节点的分裂。例如，设置节点最小样本数为 10，当一个节点中的样本数小于 10时，我们不再对该节点进行分裂。

（2）限制树的深度：设定决策树的最大深度，当树达到该深度时，我们就使该决策树停止生长。例如，设置最大树深度为 5，即决策树生长到 5 层后就不再增加新的节点。

（3）设定信息增益或基尼系数改善的最小阈值：当分裂节点带来的信息增益或基尼系数的改善小于某个阈值时，节点就会停止分裂。例如，若信息增益的阈值设定为 0.1，当一次分裂带来的信息增益小于 0.1 时，我们就不再进行分裂操作。这些限制条件可以根据数据集的特点和具体问题进行调整，以达到平衡模型复杂度和拟合能力的目的。

2．预剪枝的优缺点

预剪枝的优点是计算效率高，因为它在决策树构建的早期就停止了不必要的生长，避免了过多的计算开销。同时，它能够有效防止过拟合，使模型更加简单和易于理解。然而，预剪枝也存在一定的局限性。由于它基于贪心策略，可能会过早地停止决策树的生长，导致模型无法学习到数据中的一些重要特征，从而出现欠拟合的情况。例如，在某些情况下，虽然当前节点的分裂可能带来的信息增益较小，但后续的分裂可能会发现更有价值的模式，预剪枝可能会错过这些潜在的重要信息。

9.2.4　后剪枝

1．后剪枝的方法

后剪枝是一种在决策树构建完成后进行的修剪技术，旨在减少模型的复杂度和过拟合风险。与预剪枝不同，后剪枝是在决策树完全生长后，通过评估节点的重要性和对模型性能的影响来决定是否去除某些分枝或节点。具体步骤如下：

（1）从决策树的叶子节点开始，我们逐步向上检查每个节点。

（2）对于每个内部节点，我们计算如果将其替换为叶子节点后的泛化误差。泛化误差可以通过在验证集上计算错误率等指标来评估。

（3）如果替换后的泛化误差改善或无变化，我们就将该子树（sub-tree，也就是该内部节点及其以下全部子节点）替换为叶子节点。例如，假设一个内部节点有三个子节点，将其替换为叶子节点后，在验证集上的错误率降低了，那么我们就将这个内部节点和它的三个子节点移除（即移除子树），替换为一个叶子节点。

（4）我们重复这个过程，直到到达根节点，完成决策树的修剪。

2．后剪枝的优缺点

后剪枝的优点是能够保留更多的分枝，相比于预剪枝，它对决策树的结构调整更加灵活，能够在一定程度上降低欠拟合的风险，使决策树的泛化性能更好。例如，在一些复杂的数据集中，后剪枝可以更好地适应数据的分布特点，找到更合适的决策树结构。然而，后剪枝的计算成本较高，因为它需要在决策树完全生长后进行多次计算和比较。特别是在数据集较大、决策树较复杂时，后剪枝可能需要花费较长的时间来完成修剪过程。

两种剪枝策略的对比如下：

（1）后剪枝决策树通常比预剪枝决策树保留了更多的分枝；

（2）后剪枝决策树的欠拟合风险很小，泛化性能往往优于预剪枝决策树；

（3）后剪枝决策树训练时间开销比未剪枝决策树和预剪枝决策树都要大得多。

9.2.5　决策树剪枝的实例分析

1. 数据集准备

假设我们有一个关于学生是否会通过考试的数据集，包含学生的学习时间（小时）、参加课外辅导的次数、平时作业成绩（满分 100 分）以及是否通过考试（通过/未通过）等信息。我们可以使用 Python 的 pandas 库来读取和处理数据。示例代码如下：

```
import pandas as pd
# 读取数据集
data = pd. read_csv ('student_exam. csv')
```

2. 构建决策树模型

我们使用 sklearn 库中的 DecisionTreeClassifier 类来构建决策树模型。在构建模型时，我们可以设置一些初始参数，如选择基尼系数作为划分标准，不进行剪枝操作。示例代码如下：

```
from sklearn. tree import DecisionTreeClassifier

# 提取特征和标签
X = data [ ['Study_ Time', 'Tutoring_Count', 'Homework_Score']]
y = data ['Pass_Exam']
```

3. 计算未剪枝决策树的性能

我们将数据集划分为训练集和测试集，然后计算未剪枝决策树在测试集上的准确率。示例代码如下：

```
from sklearn. model_selection import train_test_split
# 划分训练集和测试集
X_train, X_test, y_train, y_test = train_test_split (X, y,
test_size =0. 2, random_state =42)
```

```
# 在训练集上训练模型
dt_model. fit (X_train, y_train)
# 计算未剪枝决策树在测试集上的准确率
accuracy_before_pruning = dt_model. score (X_test, y_test)
print ("未剪枝决策树的准确率:", accuracy_before_pruning)
```

4. 进行预剪枝

我们设置预剪枝的条件，如限制树的深度为 3，然后重新构建决策树模型并计算其在测试集上的准确率。示例代码如下：

```
# 进行预剪枝，设置最大树深度为 3
dt_model_prepruned = DecisionTreeClassifier (criterion = 'gini', max_
depth = 3)
dt_model_prepruned. fit (X_train, y_train)

# 计算预剪枝决策树在测试集上的准确率
accuracy_prepruned = dt_model_prepruned. score (X_test, y_test)
print ("预剪枝决策树的准确率:", accuracy_prepruned)
```

5. 进行后剪枝

我们使用 sklearn 库中的 DecisionTreeClassifier 类的 cost_complexity_pruning_path 方法来计算不同复杂度下的决策树路径，然后选择最优的剪枝决策树，并计算其在测试集上的准确率。示例代码如下：

```
import numpy as np

# 计算后剪枝的路径
ccp_path = dt_model. cost_complexity_pruning_path (X_train, y_train)
ccp_alphas = ccp_path. ccp_alphas
clfs = []
for ccp_alpha in ccp_alphas:
```

```
clf = DecisionTreeClassifier (criterion ='gini', ccp_alpha =ccp_alpha)
clf. fit (X_train, y_train)
clfs. append (clf)


# 选择最优的后剪枝决策树（这里选择在测试集上准确率最高的）
accuracy_postpruned = 0
best_clf = None
for clf in clfs:
    accuracy = clf. score (X_test, y_test)
    if accuracy > accuracy_postpruned:
        accuracy_postpruned = accuracy
        best_clf = clf


print ("后剪枝决策树的准确率:", accuracy_postpruned)
```

通过以上实例分析，我们可以比较未剪枝决策树、预剪枝决策树和后剪枝决策树在相同数据集上的性能表现，直观地了解剪枝技术对决策树模型的影响，从而根据具体需求选择合适的剪枝策略。

9.3　验证集的详细介绍与使用

9.3.1　验证集的概念与作用

1. 概念

前面的章节介绍过训练集和测试集。在机器学习中，它们是模型开发过程中两个重要的组成部分，在模型的训练与评估中扮演着关键角色。训练集是用于训练模型的数据集。通过将训练集中的数据输入模型，算法可以学习各种特征与目标变量之间的关系。训练集的主要目的是使模型能够识别模式，并优化其参数，以便在给定输入下做出准确的预测。通常，训练集应包含足够多的样本，以确保模型能够学习到数据的多样性。

测试集是用于评估模型性能的数据集。在模型训练完成后，我们通过将测试集的样本输入模型，可以衡量模型在未见数据上的泛化能力。测试集通常与训练集是相互独立的，不能在训练过程中使用，以避免信息泄露和过拟合。测试集的主要目的是提供一个客观的评估标准，帮助判断模型的实际表现。

验证集是从训练集中进一步划分出来的一部分数据，它与训练集和测试集共同构成了数据的划分体系。验证集的主要目的是在模型训练过程中提供一个独立的数据集来评估模型的性能，帮助我们确定模型的最佳参数、选择合适的模型结构以及判断何时停止训练，以避免过拟合。验证集的存在使得开发者可以在不使用测试集的情况下进行模型评估，确保模型在未见数据上有较好的泛化能力。这有助于获得更可靠的模型性能指标，从而能够更好地应用于实际场景。

2. 作用

验证集在模型开发过程中起着至关重要的作用。它就像是一个中间检验站，在模型训练过程中，我们可以定期使用验证集来评估模型的性能。通过在验证集上计算各种评价指标（如准确率、精确率、召回率等），我们可以了解模型在未见数据上的表现情况。如果模型在验证集上的性能开始下降，这可能是过拟合的信号，提示我们需要采取相应的措施，如调整模型参数、进行剪枝或增加正则化等。同时，验证集还可以用于比较不同模型或不同参数设置下模型的性能，从而选择最适合任务的模型和参数配置。

以决策树的建模过程为例，决策树模型中一个重要的参数是树的节点数量。我们在训练阶段一般使用的是训练集的数据，以计算不同节点数量下的模型表现。然而，模型的表现一定是随节点的增加而增加的，但过多的节点会影响模型的泛化能力。如图 9-2 所示，如果我们使用一组独立于训练集的数据（即验证集）进行验证，就会发现，随着节点数量的增加，误差先减少后增加，而验证误差的增加就意味着过拟合问题的出现。

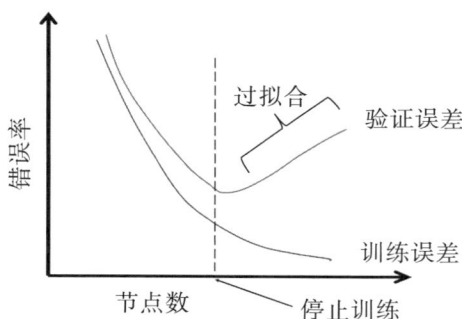

图 9-2　优化节点数量

9.3.2　创建验证集的方法

1. 留出法（Holdout Method）

留出法是将数据集划分为训练集和验证集两部分的简单方法，通常按照一定比例（如 70% 为训练集，30% 为验证集）进行划分。例如，对于一个包含 1 000 个样本的数据集，我们可以随机选择 700 个样本作为训练集，剩下 300 个样本作为验证集。这种方法的优点是简单直接，易于实现。然而，它的缺点也比较明显，单次留出法可能导致结果不稳定，因为不同的随机划分方式可能会对结果产生较大影响。为了减少这种随机性影响，我们可以采用多次留出法，即多次随机划分数据集，分别计算模型在不同划分下的验证集性能，然后取平均值作为最终的评估结果。

2. 随机子抽样（Random Subsampling）

随机子抽样是留出法的一种改进方法，通过多次随机选择不同的训练集和验证集进行划分，然后计算平均验证误差来评估模型性能。例如，我们进行 10 次随机子抽样，每次随机划分数据集后，在验证集上评估模型性能，最后将 10 次验证误差求平均值。这样可以更全面地评估模型在不同数据子集上的性能，减少单次划分带来的偏差，提高评估结果的可靠性。但是，这种方法的计算成本相对较高，因为需要多次训练和评估模型。

3. K 折交叉验证（K-fold Cross-validation）

K 折交叉验证将数据集分成 K 个大小相似的子集，每个子集轮流作为验证集，其余 $K-1$ 个子集作为训练集。例如，对于一个包含 100 个样本的数据集，我们进行 5 折交叉验证，将数据集分成 5 个子集，每个子集包含 20 个样本。第一次训练时，我们选择其中 4 个子集（80 个样本）作为训练集，剩下 1 个子集（20 个样本）作为验证集；第二次训练时，我们选择另外 4 个子集作为训练集，剩下的 1 个子集作为验证集，以此类推，共进行 5 次训练和验证；最后，我们将 5 次验证误差的平均值作为模型的评估指标。K 折交叉验证的优点是能够充分利用数据，减少数据浪费，得到更可靠的模型性能评估。一般来说，K 的取值可以根据数据集的大小和特点来选择，常见的取值有 5、10 等。当数据集较小时，K 可以取较大值，以充分利用数据；当数据集较大时，K 可以适当减小，以减少计算成本。

4. 留一交叉验证（Leave-one-out Cross-validation）

留一交叉验证是 K 折交叉验证的一种特殊情况，此时 K 等于数据集的样本数量 N，即验证集只有一个数据点。对于包含 N 个样本的数据集，我们进行 N 次训练和验证，每次选择一个样本作为验证集，其余 $N-1$ 个样本作为训练集。例如，对于一个包含 10 个样本的数据集，我们进行留一交叉验证，第一次选择第 1 个样本作为验证集，其余 9 个样本作为训练集；第二次选择第 2 个样本作为验证集，其余 9 个样本作为训练集，以此类推，共进行 10 次训练和验证。留一交叉验证的优点是在样本数量较少时可以提供非常准确的评估结果，因为每个样本都有机会作为验证集。但是，它的计算成本非常高，因为需要进行 N 次训练和评估，当数据集较大时，其计算时间会非常长。因此，留一交叉验证通常只适用于样本数量较少的情况。

5. 自主法（Bootstrap）

自主法通过有放回的随机抽样从原始数据集中生成多个训练集，每个训练集的大小与原始数据集相同。在抽样过程中，有些样本可能会被多次选中，而有些样本可能不会被选中。未被选中的样本构成了袋外数据（Out-of-bag Data），这些袋外数据可以作为验证集。例如，对于一个包含 100 个样本的数据集，我们通过自主法生成 10 个训练集，每个训练集也是 100 个样本（通过有放回的随机抽样得到），然后在这些训练集上训练模型，并在相应的袋外数据上进行评估。自主法的优点是可以利用有限的数据生成更多的训练样本，增加数据的多样性。但是，由于抽样过程的随机性，一些偏差可能会被引入，导致评估结果不够准确。

9.3.3　使用验证集的步骤

1.　数据划分

根据选择的验证集创建方法（如留出法、K 折交叉验证等），我们将原始数据集划分为训练集、验证集和测试集（如果需要测试集的话）。在划分过程中，我们要确保数据的随机性和独立性，避免数据泄露问题。例如，在使用留出法时，我们可以使用随机数生成器按照预定比例随机划分数据集；在 K 折交叉验证中，我们要确保每个子集在数据分布上具有代表性。

2.　模型训练与评估

我们需使用训练集对模型进行训练，在训练过程中，定期［如每训练一个轮次（epoch）或若干个批次（batch）］使用验证集对模型进行评估，计算模型在验证集上的各种评价指标，如准确率、损失函数值等。例如，在训练一个神经网络时，每训练 10 个batch 后，我们需使用验证集计算模型的准确率，并记录下来。

3.　模型调整与优化

我们需根据验证集的评估结果，对模型进行调整与优化。验证集性能不再提升或开始下降，可能表示模型出现了过拟合或其他问题。此时，我们可以采取相应的措施，如调整模型的超参数（如学习率、正则化参数等）、进行剪枝（如果是决策树模型）、增加数据增强操作或尝试不同的模型结构等；然后，继续使用训练集进行训练，并在验证集上再次评估，不断重复这个过程，直到找到最佳的模型配置。

4.　最终模型评估（可选）

如果在模型开发过程中使用了测试集，在完成模型调整和优化后，我们可以使用测试集对最终模型进行一次评估，以获得模型在完全独立的数据集上的性能表现。测试集的评估结果可以作为模型在实际应用中的性能参考。但需要注意的是，测试集只能在模型开发的最后阶段使用一次，不能根据测试集的结果进行模型调整，否则会导致测试集性能评估的不准确。

9.4　应用案例：割草机销售分析

9.4.1　案例背景与数据准备

1.　案例背景

某割草机制造商希望通过分析潜在用户的特征来预测其是否会购买割草机，以便更精准地开展营销活动。为此，该制造商收集了潜在用户的两个属性：收入（以千美元为单位）和院子面积（以千平方英尺为单位），以及这些用户是否购买了割草机的信息。

2.　数据准备

该制造商可以使用 Python 的 pandas 库读取存储数据的 CSV 文件（假设文件名为

RidingMower. csv）。示例代码如下：

```
import pandas as pd

#读取数据
data = pd. read_csv ('RidingMower. csv')
```

9.4.2 数据探索与可视化

1. 数据探索

该制造商可以查看数据的基本信息，包括数据的行数、列数、数据类型以及是否存在缺失值等；然后计算一些描述性统计量，如收入和院子面积的均值、中位数、标准差等，以了解数据的分布特征。示例代码如下：

```
#查看数据信息
data. info ()

#计算描述性统计量
print (data [ ['Income', 'Lot_Size']]. describe ())
```

2. 数据可视化

该制造商可以使用 matplotlib 库绘制散点图，以收入为横坐标，以院子面积为纵坐标，根据是否购买割草机（用不同图标表示）来展示数据点的分布情况。通过散点图，制造商可以初步观察到收入、院子面积与购买割草机之间可能存在的关系，例如，收入较高且院子面积较大的用户可能更倾向于购买割草机（见图 9 - 3）。示例代码如下：

```
import matplotlib. pyplot as plt

#绘制散点图
plt. scatter (data ['Income'], data ['Lot_Size'],
    c = data ['Purchase'])
plt. xlabel ('Income ($1000) ')
plt. ylabel ('Lot_Size (1000ft2) ')
plt. title ('Riding Mower Purchase Data')
plt. show ()
```

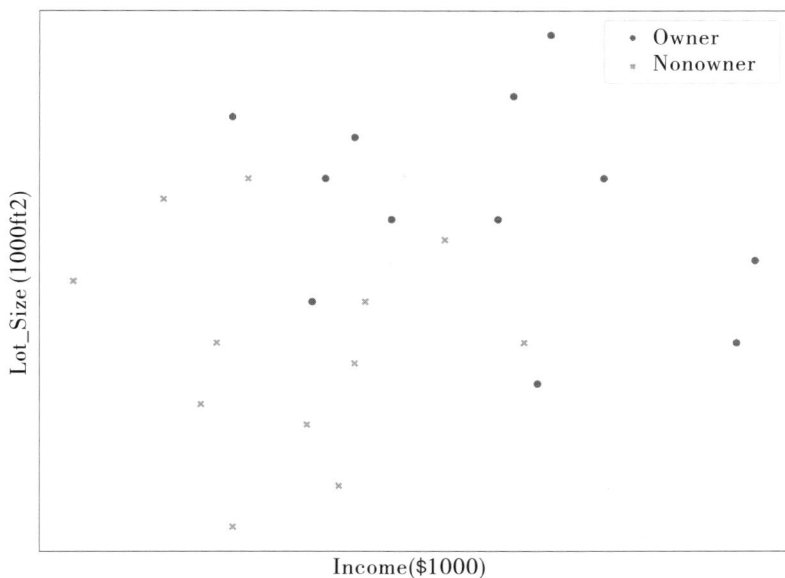

图 9 - 3　割草机案例的数据散点图

9.4.3　模型构建与训练

1. 划分训练集和测试集（含验证集）

该制造商可以使用 sklearn 库中的 train_test_split 函数将数据集按照 70∶20∶10 的比例划分为训练集、验证集和测试集（这里假设选择留出法创建验证集）。示例代码如下：

```
from sklearn. model_selection import train_test_split

#提取特征和标签
X = data [ ['Income', 'Lot_Size']]
y = data ['Purchase']

#划分训练集、验证集和测试集
X_train, X_temp, y_train, y_temp = train_test_split (X, y,
    test_size =0.3, random_state =42)
X_val, X_test, y_val, y_test = train_test_split (X_temp, y_temp,
    test_size =0.33, random_state =42)
```

2. 构建决策树模型并训练

该制造商可以采用与前面决策树实例分析类似的方法，使用 DecisionTreeClassifier 类构建决策树模型，并在训练集上进行训练。示例代码如下：

```
from sklearn. tree import DecisionTreeClassifier

#构建决策树模型
dt_model = DecisionTreeClassifier (criterion = 'gini')
dt_model. fit (X_train, y_train)
```

该制造商可以通过调节参数对生成的 DecisionTreeClassifier 类的对象做各种设定，例如规定决策树的最大深度是 3：max_depth = 3。

9.4.4 模型性能评估

1. 在验证集上评估模型

该制造商可以使用训练好的决策树模型对验证集进行预测，然后计算混淆矩阵、准确率、精确率、召回率和 F1 – Measure 等性能指标。示例代码如下：

```
from sklearn. metrics import confusion_matrix, accuracy_score,
    precision_score, recall_score, f1_score

#预测验证集
y_pred_val = dt_model. predict (X_val)

#计算混淆矩阵
conf_matrix_val = confusion_matrix (y_val, y_pred_val)
print ("验证集混淆矩阵: \n", conf_matrix_val)

#计算准确率
accuracy_val = accuracy_score (y_val, y_pred_val)
print ("验证集准确率:", accuracy_val)

#计算精确率
precision_val = precision_score (y_val, y_pred_val)
```

```
print ("验证集精确率:", precision_val)

#计算召回率
recall_val = recall_score (y_val, y_pred_val)
print ("验证集召回率:", recall_val)

#计算 F1 - Measure
f1_val = f1_score (y_val, y_pred_val)
print ("验证集 F1 - Measure:", f1_val)
```

2. 根据验证集结果调整模型 （可选）

根据在验证集上的评估结果，如果模型性能不理想，该制造商可以对模型进行调整。例如，如果发现模型存在过拟合现象（如验证集准确率较低，而训练集准确率较高），该制造商可以考虑进行剪枝操作（如前面介绍的预剪枝或后剪枝）。假设该制造商决定进行后剪枝，则使用 cost_complexity_pruning_path 方法找到最优的剪枝参数，然后重新训练模型并在验证集上再次评估。示例代码如下：

```
#计算后剪枝的路径
ccp_path = dt_model. cost_complexity_pruning_path (X_train,
    y_train)
ccp_alphas = ccp_path. ccp_alphas
clfs = []
for ccp_alpha in ccp_alphas:
    clf = DecisionTreeClassifier (criterion = 'gini',
    ccp_alpha = ccp_alpha)
    clf. fit (X_train, y_train)
    clfs. append (clf)

#选择最优的后剪枝决策树（这里选择在验证集上准确率最高的）
accuracy_postpruned_val = 0
best_clf = None
for clf in clfs:
    accuracy = clf. score (X_val, y_val)
    if accuracy > accuracy_postpruned_val:
```

```
        accuracy_postpruned_val = accuracy
        best_clf = clf

print ("后剪枝后验证集准确率:", accuracy_postpruned_val)
```

3. 在测试集上评估最终模型

在完成模型调整（如果进行了调整）后，该制造商可以使用测试集对最终模型进行评估，以获得模型在独立数据集上的性能表现。示例代码如下：

```
#预测测试集
y_pred_test = best_clf. predict (X_test)

#计算混淆矩阵
conf_matrix_test = confusion_matrix (y_test, y_pred_test)
print ("测试集混淆矩阵: \n", conf_matrix_test)

#计算准确率
accuracy_test = accuracy_score (y_test, y_pred_test)
print ("测试集准确率:", accuracy_test)

#计算精确率
precision_test = precision_score (y_test, y_pred_test)
print ("测试集精确率:", precision_test)

#计算召回率
recall_test = recall_score (y_test, y_pred_test)
print ("测试集召回率:", recall_test)

#计算 F1 - Measure
f1_test = f1_score (y_test, y_pred_test)
print ("测试集 F1 - Measure:", f1_test)
```

9.4.5　结果分析与决策制定

1.　结果分析

根据计算得到的性能指标，制造商可以分析模型在预测潜在用户是否购买割草机方面的表现。例如，准确率较高，说明模型整体预测的准确性较好；精确率较高，意味着模型预测购买的用户中实际购买的比例较大；召回率较高，则表示实际购买的用户中被模型正确预测的比例较高。从混淆矩阵中，制造商还可以进一步分析模型对不同类别（购买和未购买）的分类情况，了解模型的误分类情况，以便有针对性地改进模型。

2.　决策制定

根据模型的评估结果，制造商可以做出相应的决策。如果模型性能良好，制造商可以利用该模型对潜在用户进行预测，将预测购买的用户作为营销重点对象，制定个性化的营销策略，提高营销效率和成功率。例如，制造商可以针对潜在购买用户发送个性化的促销信息、提供产品试用等。如果模型性能不理想，制造商可以进一步分析原因，如存在数据质量问题、模型选择不当或模型参数需要调整等，然后采取相应的改进措施，如收集更多的数据、尝试其他模型或优化模型参数等，以提高模型的预测能力，使其更好地支持营销决策。

本章小结

在本章中，我们深入学习了模型评价的重要知识和方法：首先介绍了模型评价的指标，包括错误率、准确率以及基于混淆矩阵的精确率、召回率和 F1 - Measure 等，通过哺乳动物分类等具体例子详细阐述了这些指标的计算方法和意义，使我们能够从不同角度全面评估模型的性能；接着探讨了模型的泛化能力，深入理解了过拟合和欠拟合的概念、产生原因以及避免过拟合的方法，如数据增强、正则化和提前停止训练等；随后在决策树模型中，详细讲解了过拟合的原因以及预剪枝和后剪枝技术，通过实例分析展示了剪枝对提高决策树泛化能力的重要作用；同时，对验证集进行了详细介绍，包括其概念、作用以及多种创建方法（留出法、随机子抽样、K 折交叉验证、留一交叉验证和自主法）和使用步骤，让我们明白如何利用验证集在模型训练过程中进行性能评估和模型优化；最后，通过割草机销售案例，将模型评价的方法和技术应用于实际问题，从数据准备、数据探索与可视化、模型构建与训练、模型性能评估到结果分析与决策，完整地展示了模型评价在实际项目中的应用流程，帮助我们更好地了解模型评价的实际操作和意义。

10　聚类分析

10.1　学习算法简介

在机器学习领域，学习算法主要分为监督学习和无监督学习两类。

10.1.1　监督学习

监督学习是指使用已知某种或某些特性的样本作为训练集，以建立一个数学模型，再用已建立的模型来预测未知样本，是最常用的一种机器学习方法，主要有判别式和生成式两种模型。

判别式模型更直接，目标性更强；生成式模型更普适。判别式模型关注的是数据的差异性，寻找的是分类面；生成式模型关注数据是如何产生的，寻找的是数据分布模型。生成式模型可以产生判别式模型，但是判别式模型无法形成生成式模型。

10.1.2　无监督学习

无监督学习是指在没有标记输出的情况下，对输入数据进行建模和推断的一类机器学习任务，其目标是发现数据中的隐藏结构、模式或规律，而不需要事先知道输出的类别或标签信息。无监督学习主要用于数据挖掘、数据分析和模式识别等领域，帮助人们理解和处理复杂的数据集合。

10.1.3　两者区别

（1）有无标签：监督学习使用标记数据进行训练，模型学习输入与输出之间的映射关系；无监督学习则处理未标记数据，旨在发现数据内部的结构和模式。

（2）学习目标：监督学习旨在预测新数据的输出标签或值；无监督学习专注于揭示数据的潜在特征、聚类或分布。

（3）模型评估：监督学习通过比较预测结果与真实标签来评估模型性能；无监督学习的评估通常基于数据拟合程度、聚类质量或模式的合理性等内部指标。

聚类分析作为一种无监督学习方法，旨在将相似的数据点划分到同一簇（cluster）中，使得簇内的数据点相似度较高，而不同簇之间的数据点相似度较低。聚类分析的结果是未知的，聚类分析需要通过对数据的探索和分析来发现潜在的模式和结构，不需要预先知道数据的类别标签，而是从数据本身出发自动地发现数据的分组情况，这与监督学习模型形成鲜明对比。

10.2　聚类分析概述

10.2.1　分析目标

聚类分析的目标是将相似的项目（也就是我们的观察对象）分配到组（簇）中。具体地说，聚类分析就是通过对数据集中对象的特征进行分析，将具有相似特征的对象归为一类，使得同一簇内的对象相似度尽可能大，而不同簇之间的对象相似度尽可能小。

10.2.2　应用示例

聚类分析也有很多重要的应用。在很多问题当中，我们无法使用监督学习，必须使用聚类分析。下面是一些聚类分析的主要应用场景。

1.　客户细分

企业可以根据客户的购物记录、消费习惯、消费水平等信息，将客户群细分为多个组。例如，通过分析客户购买商品的种类、频率和金额，企业将客户分为高价值客户、中价值客户和低价值客户等不同群体。针对不同类群，企业投放不同的营销策略，如为高价值客户提供专属优惠和个性化服务，以提高客户满意度和忠诚度，实现精准营销。

2.　天气模式描述

在气象学中，聚类分析可用于描述一个地区的不同天气模式。通过对温度、湿度、气压、降水等气象数据进行聚类，我们能识别出具有相似天气特征的时间段或区域，有助于气象学家更好地理解和预测天气变化，为农业生产、航空航天、能源管理等领域提供决策支持。

3.　新闻文章分组

在信息检索和文本挖掘领域，聚类分析可将新闻文章分组为不同的主题。例如，根据文章的内容、关键词、体裁等特征，我们能将新闻文章分为政治、经济、体育、娱乐等类别，方便用户快速浏览和查找感兴趣的新闻信息，也有助于新闻媒体进行内容管理和推荐系统的构建。

4.　犯罪热点发现

在犯罪学研究中，聚类分析可用于发现犯罪热点区域。通过对犯罪事件发生的地点、时间、类型等数据进行聚类，我们能找出犯罪高发的区域和时间段，为警方合理分配警力资源、制定巡逻策略和实施预防犯罪措施提供依据，有助于提高社会治安管理水平。

10.2.3　数据划分与相似性度量

1.　数据划分

聚类分析的核心是将数据划分为不同的集群，使得相似的项目放置在同一集群中。在进行数据划分时，我们需要定义数据点之间的相似性度量标准，以确定哪些数据点应该归为同一类。

2. 相似性度量

（1）欧几里得距离：欧几里得距离是常用的距离度量之一，用于计算两个数据点在多维空间中的直线距离。在二维平面上，对于点 $A(x_1, y_1)$ 和点 $B(x_2, y_2)$，其欧几里得距离公式为 $d(A, B) = \sqrt{(x_2 - x_1)^2 + (y_2 - y_1)^2}$。在多维空间中，对于两个数据点 $X = (x_1, x_2, \cdots, x_n)$ 和 $Y = (y_1, y_2, \cdots, y_n)$，其欧几里得距离公式为 $d(X, Y) = \sqrt{\sum_{i=1}^{n} (x_i - y_i)^2}$。欧几里得距离越小，说明两个数据点越相似。例如，在一个二维平面上有若干个点代表不同城市的坐标（经度和纬度），若要根据地理位置对这些城市进行聚类，欧几里得距离可以很好地衡量城市之间的远近程度，距离较近的城市可能更倾向于被聚为一类。

（2）曼哈顿距离：曼哈顿距离也称为城市街区距离，它计算的是两个数据点在各个维度上的距离之和。在二维平面上，对于点 $A(x_1, y_1)$ 和点 $B(x_2, y_2)$，其曼哈顿距离公式为 $d(A, B) = |x_2 - x_1| + |y_2 - y_1|$。在多维空间中，对于两个数据点 $X = (x_1, x_2, \cdots, x_n)$ 和 $Y = (y_1, y_2, \cdots, y_n)$，其曼哈顿距离公式为 $d(X, Y) = \sum_{i=1}^{n} |x_i - y_i|$。曼哈顿距离在某些情况下可以更好地反映数据点之间的实际距离，特别是在数据存在离散特征或受到网格限制的情况下。比如，在一个城市的街道布局呈网格状的情况下，计算两个地点之间的实际行走距离（只能沿着街道横竖行走），曼哈顿距离就比欧几里得距离更合适。

（3）余弦相似度：余弦相似度主要用于衡量两个向量在方向上的相似度，常用于文本分类、信息检索等领域。对于两个向量 $X = (x_1, x_2, \cdots, x_n)$ 和 $Y = (y_1, y_2, \cdots, y_n)$，其余弦相似度公式为 $\cos(X, Y) = \dfrac{\sum_{i}^{n} x_i \cdot y_i}{\sqrt{\sum_{i}^{n} x_i^2} \times \sqrt{\sum_{i}^{n} y_i^2}}$。余弦相似度的值介于 -1 和 1 之间，值越接近 1，表示两个向量的方向越相向；值越接近 -1，表示两个向量的方向越相反；值为 0，表示两个向量正交，即没有相关性。例如，在文本分类中，将每篇文章表示为一个词向量，余弦相似度可以用来衡量两篇文章在主题方向上的相似程度。若两篇文章的余弦相似度较高，说明它们在主题上较为相关，可能属于同一类别。

10.2.4 规范化输入变量

在进行聚类分析之前，我们通常需要对输入变量进行规范化处理，以确保不同特征之间具有可比性，避免因特征量纲或取值范围的差异而对聚类结果产生影响。常见的规范化方法包括最小－最大规范化、零－均值规范化等。

例如，假设有一组数据包含两个特征：重量和高度，其取值范围差异较大（重量范围为 $0 \sim 310$，高度范围为 $10 \sim 280$）。如果不进行规范化处理，重量特征可能会在聚类过程中占据主导地位，导致聚类结果不准确。通过最小－最大规范化，我们可将重量和高度特征映射到特定的区间（如 [0，1]），使得它们在聚类分析中具有相同的权重，从而提高聚类结果的可靠性。

10.3 聚类分析的特点与应用

10.3.1 聚类分析的特点

1. 无监督性

聚类分析属于无监督学习，这意味着在聚类过程中没有预先定义的"正确"聚类结果。与监督学习不同，聚类分析不需要事先知道数据的类别标签，而是从数据本身出发自动地发现数据的分组情况。由于缺乏外部指导信息，聚类结果的评估和解释相对主观，我们需要根据具体的应用场景和业务知识来判断聚类的合理性和有效性。

2. 需要解释和分析

聚类分析得到的结果只是数据的一种划分方式，每个簇的含义和特征并不明确。因此，我们需要对聚类结果进行进一步的解释和分析，以提取有价值的信息。这可能涉及对簇内数据点的特征分析、簇与簇之间的差异比较、与业务问题的关联探讨等。通过深入分析聚类结果，我们可以发现数据中的潜在模式、趋势和规律，为决策提供支持。例如，在客户细分中，解释聚类结果可以了解不同客户群体的消费行为特征，从而制定针对性的营销策略；在图像分割中，分析聚类结果有助于识别图像中的不同区域和对象，为后续的图像分析和处理提供基础。

10.3.2 聚类结果的应用

1. 数据分段

聚类分析可以将数据集划分为不同的段（簇），为每个细分市场的分析提供有价值的见解。例如，在市场调研中，企业可以将消费者按照购买行为、偏好等特征进行聚类，得到不同的消费者群体。对每个群体的消费习惯、需求特点、品牌忠诚度等方面进行分析，有助于企业深入了解市场结构，发现潜在的市场机会，进行精准的市场定位和制定精准的营销策略，优化产品设计和服务质量，提高市场竞争力。

2. 对新数据进行分类

聚类分析得到的簇可以作为对新数据进行分类的类别。当有新的样本数据时，我们可以将其分配给最近的簇，从而实现对新数据的快速分类。例如，在图像识别领域，我们先对大量的图像进行聚类分析，形成不同的图像类别（如风景、人物、动物等）。当遇到新的图像时，我们计算其与各个簇的相似度，将其归为最相似的簇的所属类别。这种基于聚类的分类方法可以在没有预先标记训练数据的情况下，对新数据进行初步的分类和标注，为后续的进一步处理和分析奠定基础。

3. 标记用于分类的数据

聚类分析的结果可以用作标记数据的聚类样本。例如，在图书分类中，我们通过聚类分析将图书分为不同的类别（如科幻小说、非小说类、儿童图书等），可以从每个类别中选择具有代表性的图书作为标记样本。这些标记样本可以帮助图书馆管理员或读者更好地理解每个类别的特征，也可以用于训练分类模型，提高分类的准确性。此外，在网络安全领域，聚类分析可以用于检测异常网络流量模式，将正常的网络流量聚类为不同的模式，然后标记这些模式作为正常流量的样本。当新的网络流量出现时，通过与标记样本进行比较，我们可以快速判断其是否为异常流量模式，及时发现潜在的安全威胁。

4. 异常检测的依据

聚类分析可以用于异常检测，将远离其他数据点的聚类视为异常情况。在许多领域中，异常数据往往蕴含着重要的信息，如信用卡欺诈检测、工业设备故障诊断、网络入侵检测等。通过聚类分析，我们将正常数据划分成不同的簇，而异常数据由于其与正常数据的显著差异，通常会形成单独的小簇或远离其他簇的孤立点。这些异常簇或孤立点可以作为进一步分析和调查的线索，帮助发现潜在的问题或风险。例如，在信用卡交易数据中，如果某个交易与其他正常交易的聚类模式明显不同，表示可能存在信用卡欺诈行为；在工业生产过程中，如果某个设备的运行数据与正常运行时的聚类模式偏离较大，可能预示着设备即将发生故障，需要及时进行维护和检修。

10.4　K 均值聚类算法

10.4.1　K 均值聚类算法原理

K 均值聚类算法，简称 K 均值算法（K-means 算法），是一种经典的聚类算法，其核心思想是通过迭代优化来确定 K 个聚类中心（质心），并将每个数据点分配到与其最近的质心所属的簇中，使得簇内数据点到质心的距离之和最小。具体步骤如下：

首先，选择 K 个初始质心。我们从数据集中随机选择 K 个数据点作为初始质心，这些质心将作为每个簇的初始代表点。初始质心的选择对最终聚类结果有一定影响，不同的初始质心可能导致不同的聚类结果，但多次运行算法并选择最优结果可以在一定程度上降低这种影响。

其次，分配样本到最近质心。我们计算每个数据点到 K 个质心的距离（通常使用欧几里得距离），并将其分配到距离最近的质心所属的簇中。这一步骤确定了每个数据点所属的簇，使得簇内数据点在距离度量上尽可能接近其质心。

最后，计算新的质心。对于每个簇，我们计算其内部所有数据点的均值，将该均值作为新的质心位置。新的质心代表了该簇内数据点的平均位置，不断更新的质心能够更好地反映簇内数据点的分布特征。

我们重复上述分配样本和计算新质心的步骤，直到满足停止标准。停止标准通常有两种情况：一是质心不再发生明显变化，即前后两次迭代中质心的移动距离小于设定的阈值；二是达到预定的最大迭代次数。当满足停止标准时，算法收敛，聚类过程结束。

　　例如，假设有一个二维平面上的数据点集，我们要将其聚为 $K=2$ 类。我们首先随机选择两个点作为初始质心；然后计算每个数据点到这两个质心的距离，将数据点分配到距离最近的质心所属的簇中；接着根据簇内数据点计算新的质心，重复这个过程，直到质心不再明显移动或达到最大迭代次数。

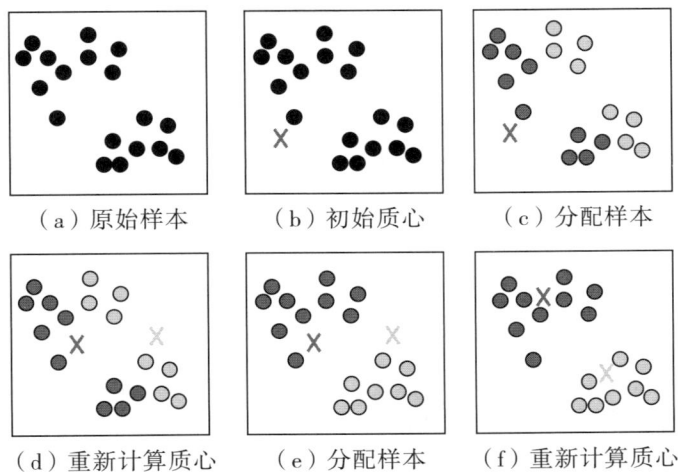

| （a）原始样本 | （b）初始质心 | （c）分配样本 |

| （d）重新计算质心 | （e）分配样本 | （f）重新计算质心 |

图 10 - 1　K 均值算法步骤示例

10.4.2　选择初始质心的问题与解决办法

1. 问题

　　K 均值算法的最终分类结果对初始质心的选择较为敏感。不同的初始质心选择可能导致不同的聚类结果，甚至可能陷入局部最优解而非全局最优解。例如，在某些情况下，初始质心选择不当可能使得聚类结果无法准确反映数据的真实分布，导致簇内差异较大或簇间差异不明显。

2. 解决办法

　　为了减少初始质心选择对结果的影响，我们可以使用不同的随机初始质心多次运行 K 均值算法，并选择最佳结果。通常，我们可以通过比较不同运行结果的聚类质量指标（如簇内平方误差之和，Within-cluster Sum of Squared Errors，WSSE）来确定最佳结果。*WSSE* 值越小，表示聚类效果越好，即簇内数据点到质心的距离之和越小，数据点在簇内的分布越紧密。

10.4.3　评估集群结果

1. 误差计算

　　在 K 均值算法中，我们常用误差来评估聚类结果的质量。误差被定义为样品与质心之间的距离，具体计算为所有样本和质心之间的 $WSSE$ 值。对于第 i 个簇 C_i，其质心为 m_i，簇内有 n_i 个数据点，则第 i 个簇的平方误差为 $\sum_{x_i \in C_i} d(x_i, m_i)$，其中 $d(x_i, m_i)$ 表示数据点 x_i 到质心 m_i 的距离（通常为欧几里得距离）。整个数据集的 $WSSE$ 值为所有簇的平方误差之和，即 $WSSE = \sum_{i=1}^{K} \sum_{x_i \in C_i} d(x_i, m_i)$。

2. $WSSE$ 值的使用与注意事项

一般来说，$WSSE$ 值越小，表示聚类结果越好，即簇内数据点越紧密地围绕质心分布。然而，需要注意的是，$WSSE$ 值的大小并不直接意味着聚类结果的"正确性"。在比较不同的聚类结果时，$WSSE$ 值可以作为一个参考指标，但不能仅仅根据 $WSSE$ 值来判断聚类结果的优劣。此外，随着 K 值的增加，$WSSE$ 值通常会减小，因为更多的簇可以更好地拟合数据，但这并不一定意味着 K 值越大越好。过大的 K 值可能导致过拟合，使聚类结果失去实际意义。

10.4.4　选择 K 值的方法

K 值也就是我们将对象分成几个聚类（簇）。它是 K 均值聚类分析的一个重要参数。正如上文所述，K 值的大小会影响评价聚类分析效果的主要指标——$WSSE$ 值。同时，K 值是否恰当，也会影响我们如何应用聚类分析的结果。下面是几个选择 K 值的方法。

1. 可视化工具与主观判断

当数据维度较低（通常二维或三维）时，我们可以利用可视化工具来观察数据的分布情况，通过主观判断来选择合适的 K 值。例如，通过绘制数据点的散点图，我们观察数据的自然聚集模式，尝试不同的 K 值，选择能够产生最清晰、最有意义聚类结构的 K 值。然而，对于高维度数据，由于无法直接可视化，这种方法变得不可行。

2. 基于领域知识和应用需求

根据具体的应用领域和问题背景，我们结合领域知识来确定 K 值。例如，在市场细分中，如果已知市场上存在几种主要的消费者类型，那么我们可以将 K 值设置为相应的数量；在图像分割中，如果我们期望将图像分割成特定数量的区域，那么 K 值可以根据该需求来确定。这种方法需要对应用领域有深入的了解和经验积累。

3. 数据驱动的方法

一些数据驱动的方法可以帮助我们选择 K 值，如"肘部"方法。"肘部"方法可以帮助我们通过绘制平方误差之和随 K 值变化的曲线，观察曲线的形状来确定 K 值。在曲线中，随着 K 值的增加，平方误差之和通常会逐渐减小。当 K 值较小时，增加 K 值会使平方误差之和显著减小；当 K 值增加到一定程度后，继续增加 K 值对平方误差之和的影响逐渐减小，此时曲线会出现一个类似"肘部"的拐点。该拐点对应的 K 值通常被认为是一个较为合适的选择，因为它在减小 $WSSE$ 值和避免过拟合之间取得了一个较好的平衡。

10.4.5 停止标准

1. 质心不再明显变化

当迭代过程中质心的位置不再发生明显变化时，我们可以认为聚类已经收敛，达到稳定状态，此时可以停止迭代。通常，我们通过设定一个阈值来判断质心的变化是否足够小，例如，计算前后两次迭代中质心的移动距离之和，如果该距离小于阈值，则停止迭代。

2. 更改聚类的样本数低于阈值

另一个停止标准是观察每次迭代中更改聚类的样本数。如果在某次迭代后，只有极少数样本的聚类分配发生了变化，且变化的样本数低于设定的阈值，说明聚类结果已经相对稳定，继续迭代对结果的改善不大，可以停止迭代。这种方法可以避免不必要的计算开销，提高算法的效率。

10.4.6 结果解释

在 K 均值聚类分析完成后，我们需要对结果进行解释，以提取有价值的信息。一种重要的方法是检查聚类质心，比较不同簇的质心在各个特征上的取值差异，从而了解各个簇之间的不同特征和模式。例如，在客户细分中，企业通过比较不同客户群体（簇）的质心在消费金额、购买频率、购买商品种类等特征上的取值，可以分析出每个群体的消费行为特点，如高消费群体可能在消费金额特征上的质心值较高，而频繁购买群体可能在购买频率特征上的质心值较高。根据这些差异，企业可以为每个簇赋予实际的业务含义，如将高消费群体定义为"优质客户"，将频繁购买群体定义为"活跃客户"等，以便更好地理解聚类结果，并为后续的决策制定提供依据。

10.4.7 K 均值算法总结

K 均值算法是一种被广泛应用于聚类分析的经典算法，具有以下优点：

（1）易于理解和实施：K 均值算法原理简单直观，基于距离度量将数据点分配到最近的质心所属的簇中，易于理解和实现。该算法的计算过程相对直接，不需要复杂的数学模型和参数设置，使得其在实际应用中易于推广和应用。

（2）效率高：在处理大规模数据集时，K 均值算法具有较高的计算效率。其计算复杂度相对较低，主要计算开销集中在计算数据点与质心之间的距离和更新质心的过程上，这两个操作在算法的每次迭代中都可以高效地完成。因此，K 均值算法能够在较短时间内处理大量的数据，适用于对实时性要求较高的应用场景。

然而，K 均值算法也存在以下局限性：

（1）必须指定 K 值：K 值的选择对聚类结果具有重要影响，但在实际应用中，确定合适的 K 值往往并不容易。如果 K 值选择不当，那么可能导致聚类结果无法准确反映数据的真实结构。例如，K 值过小可能使簇划分过于粗糙，无法发现数据中的细微结构；K

值过大则可能导致过拟合，使每个簇内的数据点过少，失去聚类的意义。

（2）最终簇对初始质心敏感：如前所述，算法的最终聚类结果依赖于初始质心的选择。不同的初始质心可能会导致不同的聚类结果，甚至可能陷入局部最优解。为了获得较好的聚类效果，我们通常需要多次运行算法并选择最佳结果，但这增加了计算成本和时间复杂度。

尽管存在这些局限性，K 均值算法仍然是聚类分析中常用的算法之一，在许多领域都取得了成功的应用。通过结合领域知识、合理选择参数以及对结果进行深入分析，我们可以充分发挥 K 均值算法的优势，克服其局限性，为实际问题提供有效的解决方案。

10.5　聚类分析实战：鸢尾花数据聚类

10.5.1　鸢尾花数据集介绍

鸢尾花数据集是一个经典的多变量数据集，常用于分类和聚类算法的测试和演示。该数据集包含了 150 个鸢尾花样本，每个样本有 4 个特征：萼片长度、萼片宽度、花瓣长度和花瓣宽度。这些特征的测量单位均为厘米。同时，每个样本还对应一个类别标签，鸢尾花共有 3 个类别：山鸢尾、变色鸢尾和维吉尼亚鸢尾。

在这个实例中，聚类分析的任务是根据鸢尾花的 4 个特征，将 150 个样本自动划分为不同的簇，而不使用已知的类别标签信息。采用聚类分析的原因在于，我们希望从数据本身的特征出发，发现鸢尾花样本之间的内在相似性和差异性，探索是否能够通过聚类算法找到与已知类别相似或不同的分组模式。这有助于我们深入了解鸢尾花数据的结构，验证聚类算法在处理此类数据时的有效性。在实际应用中，如果不知道样本的类别标签，聚类分析可以作为一种数据探索和分类的初步方法，为后续的分析和决策提供有价值的信息。

10.5.2　使用 Python 进行聚类分析的步骤

1. 数据准备

我们需要导入所需的 Python 库，如 numpy 用于数值计算，pandas 用于数据处理和分析，matplotlib. pyplot 用于数据可视化，sklearn. cluster 中的 K-means 用于实现 K 均值聚类算法。

我们使用 sklearn. datasets 库的 load_ iris 函数读取鸢尾花数据集文件（鸢尾花数据集作为案例可以直接从 sklearn 库中提取）。

我们查看数据集的基本信息，包括数据的形状、特征列的名称、数据类型以及是否存在缺失值等，确保数据的完整性和正确性。

2. 数据预处理

由于 K 均值算法对数据的尺度敏感，我们需要对数据进行标准化处理，使每个特征具有相同的重要性。我们可以使用 sklearn. preprocessing 中的 StandardScaler 类来实现数据标准化，将特征值转换为均值为 0、标准差为 1 的分布。

标准化后，我们将数据集分为特征矩阵 X（包含 4 个特征列）和目标向量 y（类别标签列），在聚类分析中，我们暂时不使用目标向量 y，因为聚类是一种无监督学习方法。

3. 模型训练与聚类

我们创建 K 均值模型对象，并指定聚类的数量 n_clusters（这里我们可以根据先验知识或使用"肘部"方法等选择合适的 K 值，假设我们选择 $K = 3$）。

我们使用训练数据 X（在聚类分析任务中，训练数据就是特征矩阵）对 K 均值模型进行训练。通过调用模型的 fit 方法，模型将自动计算出 K 个聚类中心，并将每个数据点分配到最近的聚类中心所属的簇中。

4. 结果可视化与分析

为了直观地观察聚类结果，我们可以选择数据集中的两个特征（例如花瓣长度和花瓣宽度）进行二维散点图绘制，使用 matplotlib. pyplot 库的 scatter 函数，将不同簇的数据点用不同的颜色表示，同时绘制出聚类中心（质心），以便更好地理解聚类的分布情况。

为了分析聚类结果的质量，我们可以计算簇内平方误差之和，并与不同 K 值下的平方误差之和进行比较，评估所选 K 值的合理性。此外，我们还可以观察聚类结果与实际类别标签（如果已知）的一致性程度，虽然聚类是无监督学习，但通过与已知类别对比，可以进一步了解聚类算法对数据结构的捕捉能力。例如，我们可以计算聚类结果与实际类别标签之间的兰德指数（Rand Index）或调整兰德指数（Adjusted Rand Index，ARI）等指标，用于衡量聚类结果与真实分类的相似性，指标值越接近 1，表示聚类结果越好。

10.5.3 代码示例

以下是使用 Python 对鸢尾花数据进行聚类的代码：

```
import matplotlib. pyplot as plt
from sklearn. cluster import KMeans
from sklearn. preprocessing import StandardScaler
from sklearn. datasets import load_iris


#读取鸢尾花数据集
X = load_iris. data ()

#查看数据集信息
print (data. info ())

#数据标准化
scaler = StandardScaler ()
```

```
X_scaled = scaler. fit_transform (X)

#创建 K-Means 模型并训练（假设 K = 3）
kmeans = KMeans (n_clusters =3)
kmeans. fit (X_scaled)

#获取聚类标签和聚类中心
labels = kmeans. labels_
centroids = kmeans. cluster_centers_

#绘制聚类结果（以花瓣长度和花瓣宽度为例）
plt. scatter (X_scaled [labels == 0, 2], X_scaled [labels == 0, 3],
    c = 'r', label = 'Cluster 1')
plt. scatter (X_scaled [labels == 1, 2], X_scaled [labels == 1, 3],
    c = 'g', label = 'Cluster 2')
plt. scatter (X_scaled [labels == 2, 2], X_scaled [labels == 2, 3],
    c = 'b', label = 'Cluster 3')
plt. scatter (centroids [:, 2], centroids [:, 3], c = 'black',
    marker = '*', s =200, label = 'Centroids')
plt. xlabel ('Petal Length')
plt. ylabel ('Petal Width')
plt. title ('Iris Clustering Results')
plt. legend ()
plt. show ()

#计算 WSSE
wsse = kmeans. inertia_
print (" WSSE:", wsse)
#（可选）计算与真实类别标签的兰德指数或调整兰德指数（假设真实类别标签存储
    在'y'中）
from sklearn. metrics import rand_score, adjusted_rand_score
print (" Rand Index:", rand_score (y, labels))
print (" Adjusted Rand Index:", adjusted_rand_score (y, labels))
```

鸢尾花数据聚类结果如图 10 - 2 所示。

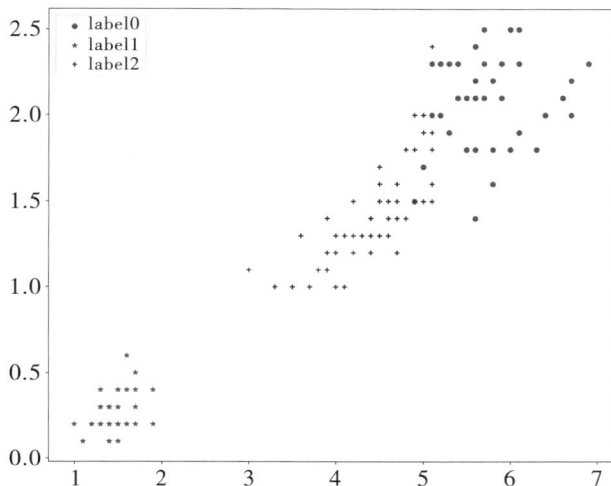

图 10 - 2　鸢尾花案例聚类结果

通过以上代码示例，我们可以使用 Python 的相关库实现对鸢尾花数据的聚类分析，从数据准备、数据预处理、模型训练与聚类到结果可视化与分析，完整地展示了聚类分析的过程。在实际应用中，我们可以根据具体需求和数据集特点，对代码进行进一步的优化和扩展，以满足不同的分析目的。同时，我们还可以尝试其他聚类算法，比较不同算法在鸢尾花数据集上的性能和效果，加深对聚类分析方法的理解和掌握。

本章小结

在本章中，我们聚焦聚类分析，涵盖了无监督学习相关知识及聚类分析的多方面内容：首先介绍了机器学习中监督学习和无监督学习的差异，而聚类分析属于无监督学习，旨在发现数据的内在结构；接着讲解聚类分析的目标、应用场景，如客户细分、天气模式描述等，以及数据划分、相似性度量方法和数据规范化的重要性。

本章重点阐述了 K 均值聚类算法，包括原理、初始质心选择问题及解决办法、集群结果评估、K 值选择方法、停止标准和结果解释。通过鸢尾花数据集的实战案例，本章详细展示了使用 Python 进行聚类分析的步骤和代码实现。以上这些内容帮助读者系统掌握聚类分析的理论与实践知识。

11 关联分析

本章将介绍另一种常用的无监督学习模型——关联分析。首先，我们将了解关联分析的基本概念、应用场景以及进行关联分析的基本步骤。接着，我们将详细讨论在规则生成过程中如何提高模型的泛化能力，具体地说就是指定剪枝的规则。然后，我们将介绍几种常见的关联分析算法。最后，我们将总结关联分析的主要步骤和展望这种技术的发展。

11.1 关联分析概述

11.1.1 概念与定义

关联分析是一种数据挖掘技术，旨在发现数据集中不同项目之间的有趣关系或关联规则。在市场篮子分析中，它尤为重要，可用于揭示消费者购物篮中商品的关联模式。例如，在一组购物记录中，我们可能发现某些商品经常被一起购买，像面包和牛奶，这就是一种简单的关联模式。关联规则通常表示为 $X{\rightarrow}Y$，其中 X 是前件，Y 是后件，表示如果顾客购买了 X 中的商品，那么他们很可能也会购买 Y 中的商品。

11.1.2 应用场景

关联分析在众多领域都有广泛应用。在零售业中，它可以帮助商家发现商品之间的关联销售关系，如前面提到的面包和牛奶的关联，商家可据此进行商品陈列优化和促销组合设计，将相关商品摆放在一起或推出组合套餐，吸引顾客购买更多商品，提高销售额。在电商领域，通过分析用户的购买或浏览历史，关联分析能够实现个性化推荐。例如，若用户购买了手机，系统可根据关联规则推荐手机壳、充电器等相关配件，提升用户体验和购买转化率。在医疗领域，关联分析有助于分析疾病与症状、治疗方法之间的关系，辅助医生进行疾病诊断和治疗方案选择，提高医疗服务质量。例如，发现某种症状组合与特定疾病的关联，可帮助医生更早做出准确诊断。

11.1.3 关联分析的步骤

1. 创建项目集

我们从数据集中提取所有可能的项目组合，形成项目集。例如，我们从交易数据中列出每个独立的商品项，再生成包含不同数量商品的项目集，如单项项目集 {纸尿裤}、{面包} 等，多项项目集 {纸尿裤，面包}、{纸尿裤，牛奶} 等。

2. 识别频繁项集

我们计算项目集的支持度，即项目集在所有交易中出现的频率，通过设定最小支持度阈值，筛选出频繁项集（Frequent Itemset，也就是在数据集中出现频率超过某个阈值的项目集）。例如，若设定最小支持度阈值为 0.4，在一些交易数据中，项目集｛纸尿裤｝出现了 5 次（假设总交易次数为 5 次），支持度为 1.0，满足阈值，属于频繁项集；而项目集｛鸡蛋｝仅出现 1 次，支持度为 0.2，不满足阈值，被排除。

3. 生成关联规则并修剪

我们从频繁项集中生成关联规则，计算每条规则的置信度。置信度表示规则的可靠性，即在包含前件的交易中，后件出现的概率。例如，对于频繁项集｛面包，牛奶｝，我们可能生成关联规则｛面包，牛奶｝ → ｛纸尿裤｝，计算其置信度；然后设定最小置信度阈值，修剪掉置信度低于该阈值的规则，保留高置信度规则。这些规则更有可能反映数据中的真实关联性，对实际应用更具价值。

11.1.4 关联分析的特点

1. 无监督学习特性

关联分析属于无监督学习技术，不依赖预先标记的数据集，能自主挖掘数据中的自然模式和关联。在分析消费者购买行为时，关联分析无须事先知道商品类别或标签，直接从购买记录中发现关联关系，适用于探索性分析数据内在结构和关系不明确的情况。

2. 规则有效性的主观性

关联规则的有效性取决于具体应用场景和业务需求。同一组数据中的规则在不同场景的价值不同，如超市销售数据中的某些规则对商品陈列有用，但对供应链管理可能意义不大。关联分析须结合业务背景判断，要求分析人员具备业务知识，以准确评估和利用规则。

3. 规则应用的决策性

发现关联规则后，关键是如何将其应用于实际业务：在零售业可用于产品推荐和货架布局优化，在医疗领域可辅助诊断和治疗方案改进。不同业务场景需根据自身目标制定利用规则的策略，实现业务价值最大化。

4. 规则理解的分析性

关联分析生成的规则须深入解释和分析才能理解其逻辑和意义。例如，某些商品常一起购买可能是因为使用互补或适用于相同场景、用户群体。关联分析须综合考虑数据特征、消费者行为、市场环境等因素，要求分析人员具备业务知识和洞察力，以提取有价值信息支持决策。

11.1.5 关联规则的基本概念

1. 项目集的支持度（Support）

支持度表示项目集在所有交易中出现的频率，计算方法为 $support(X) = \dfrac{包含 X 的交易次数}{总交易次数}$。

例如，若 X 在 5 次交易中出现 3 次，总交易次数为 5 次，则 $support(X) = 0.6$。支持度反映项目集的普遍程度，是衡量关联规则重要性的基本指标，用于筛选频繁项集。

2. 规则的置信度（Confidence）

置信度表示规则的可靠性，计算公式为 $confidence(X \rightarrow Y) = \dfrac{support(X \cup Y)}{support(X)}$，其中 $support(X \cup Y)$ 表示同时包含 X 和 Y 的交易次数占总交易次数的比例。例如，已知 $support(X) = 0.6$，$support(X \cup Y) = 0.4$，则 $confidence(X \rightarrow Y) = \dfrac{0.4}{0.6} \approx 0.67$。置信度越高，规则越可靠，实际应用中我们常设定最小置信度阈值筛选有价值的规则。

11.1.6 示例说明

下面我们通过一个例子来练习如何计算支持度和置信度。假设有如表 11 – 1 所示交易数据：

表 11 – 1 购物篮案例数据

ID	项目集（Items）
1	纸尿裤，面包，牛奶
2	面包，纸尿裤，啤酒，鸡蛋
3	牛奶，纸尿裤，啤酒，黄油
4	面包，牛奶，纸尿裤，啤酒
5	面包，牛奶，纸尿裤，黄油

计算的 {面包} 支持度：$support(面包) = \dfrac{4}{5} = 0.8$，因为面包出现在交易 1、2、4、5 中。计算 {纸尿裤，牛奶} 的支持度：$support(纸尿裤 \cup 牛奶) = \dfrac{4}{5} = 0.8$，因为纸尿裤和牛奶一起出现在交易 1、3、4、5 中。

对于关联规则 {面包} → {纸尿裤}，我们计算置信度。首先，$support(面包 \cup 纸尿裤) = \dfrac{4}{5} = 0.8$，然后 $confidence(\{面包\} \rightarrow \{纸尿裤\}) = \dfrac{support(面包 \cup 纸尿裤)}{support(面包)} = 1$，这意味着如果顾客购买了面包，那么他们很可能会购买纸尿裤，置信度为 100%。

通过这些计算，商家可以根据商品之间的关联关系优化商品布局和促销策略，如将面包和纸尿裤摆放在一起或进行联合促销。

11.2 规则生成和修剪

在关联分析中，生成和修剪关联规则是关键步骤。下面我们将深入探讨关联规则生成的具体方法和逻辑，详细阐述如何从频繁项集中衍生出各种可能的关联规则。

11.2.1 生成关联规则

在关联分析中，我们需要从频繁的项目集中生成关联规则。从频繁项集中生成关联规则是一个基于数学组合原理的过程，其目的在于揭示数据项之间可能存在的因果或相关关系。对于一个 K 项频繁项集，我们可以通过对其所有非空真子集进行组合来生成关联规则；具体而言，可以生成 $2^K - 2$ 个关联规则。例如，对于频繁项集 {面包，牛奶，纸尿裤}，它有 8 个子集，去掉空集和整个项集本身，剩下 6 个子集可用于生成关联规则，如 {面包，牛奶} → {纸尿裤} 或者 {纸尿裤，牛奶} → {面包} 等。在生成关联规则时，我们需要排除空集和整个项集本身，因为空集作为前件或后件没有实际意义，而整个项集本身不能构成有意义的规则（如不能提供新的信息）。所以，从 K 项频繁项集中可用于生成关联规则的有效子集数量为 $2^K - 2$ 个。

11.2.2 计算置信度

置信度是评估关联规则可靠性的关键指标，它在关联分析中起着举足轻重的作用。我们接下来就是要计算每条规则的置信度，置信度越高，规则的可靠性越强。例如，对于关联规则 {面包，牛奶} → {纸尿裤}，假设 $support(面包 \cup 纸尿裤 \cup 牛奶) = 0.4$，$support(面包 \cup 牛奶) = 0.6$，则置信度 $confidence(\{面包，牛奶\} \rightarrow \{纸尿裤\}) = \dfrac{0.4}{0.6} \approx 0.67$。

11.2.3 修剪规则

在这一步中，我们需要通过设定最小置信度阈值，修剪掉置信度低于该阈值的规则，只保留高置信度的规则。例如，设定最小置信度阈值为 0.7，对于上述关联规则 {面包，牛奶} → {纸尿裤}，由于其置信度低于阈值，该规则将被修剪掉。如果有另一个关联规则 {a，b} → {c}，其置信度为 0.8，高于阈值，则该规则会被保留。修剪规则的目的是提高规则的可靠性和有效性，使留下的规则能够为实际应用提供更有价值的见解。在销售和营销领域，高置信度的关联规则可以帮助企业深入了解顾客购买行为中的关联性，从而制定更有效的销售策略和促销活动，如商品捆绑销售、个性化推荐等，以提高顾客购买转化率和销售额。

下面通过一个具体示例来说明规则生成、计算置信度和修剪规则的过程。假设我们有如表 11 - 2 所示的频繁项集和对应的支持度：

表 11－2　支持度的计算结果

项目集	支持度
｛面包，牛奶｝	$\frac{3}{5}$
｛面包，纸尿裤｝	$\frac{4}{5}$
｛牛奶，纸尿裤｝	$\frac{4}{5}$
｛面包，牛奶，纸尿裤｝	$\frac{3}{5}$

我们可以从频繁项集 ｛面包，牛奶，纸尿裤｝ 中生成下列关联规则：

（1）｛面包，牛奶｝ → ｛纸尿裤｝；

（2）｛面包，纸尿裤｝ → ｛牛奶｝；

（3）｛牛奶，纸尿裤｝ → ｛面包｝。

对每一个关联规则计算置信度：

（1） $confidence(｛面包，牛奶｝→｛纸尿裤｝) = \dfrac{support(面包∪纸尿裤∪牛奶)}{support(面包∪牛奶)} = \dfrac{\frac{3}{5}}{\frac{3}{5}} = 1$；

（2） $confidence(｛面包，纸尿裤｝→｛牛奶｝) = \dfrac{support(面包∪纸尿裤∪牛奶)}{support(面包∪纸尿裤)} = \dfrac{\frac{3}{5}}{\frac{4}{5}} = 0.75$；

（3） $confidence(｛牛奶，纸尿裤｝→｛面包｝) = \dfrac{support(面包∪纸尿裤∪牛奶)}{support(牛奶∪纸尿裤)} = \dfrac{\frac{3}{5}}{\frac{4}{5}} = 0.75$。

修剪规则（假设最小置信度阈值为0.8）：

（1）保留 ｛面包，牛奶｝ → ｛纸尿裤｝，置信度为1，因为其置信度高于最小置信度阈值；

（2）修剪 ｛面包，纸尿裤｝ → ｛牛奶｝ 和 ｛牛奶，纸尿裤｝ → ｛面包｝，因为它们的置信度均低于阈值。

通过这些步骤，我们能够生成高置信度的关联规则，为实际应用提供有价值的见解，帮助企业优化销售和营销策略。例如，保留的规则表示如果顾客购买了面包和牛奶，他们很可能也会购买纸尿裤，企业可以据此在商品陈列或促销活动中进行相应的安排，如将面包、牛奶和纸尿裤放置在相近位置,或推出"面包 + 牛奶 + 纸尿裤"的组合优惠套餐,以吸引顾客购买,提高销售额。

11.3　关联分析算法

在关联分析中,不同的算法可用于高效地创建项目集和生成关联规则。常见的关联分析算法包括 Apriori 算法、FP – Growth 算法和 Eclat 算法,每种算法都有其各自的特点和适用场景。

11.3.1　Apriori 算法

Apriori 算法是一种经典的频繁项集挖掘算法,其基于"如果一个项目集是频繁的,那么它的所有非空子集也是频繁的"这一性质,逐层生成频繁项集。具体而言,该算法首先计算所有单个项目的支持度,筛选出满足最小支持度阈值的单项频繁项集;然后基于这些单项频繁项集,通过组合生成候选项目集,并计算候选项目集的支持度,再次筛选出满足阈值的频繁项集;重复这个过程,不断组合生成更高阶的候选项目集,直到无法生成新的频繁项集为止。

优点:

(1)该算法原理简单易懂,易于实现和理解,初学者容易掌握其基本思想和操作流程。

(2)该算法适用于小型数据集,在数据量较小的情况下,能够有效地挖掘频繁项集和关联规则。

缺点:在处理大型数据集时,该算法效率较低,因为需要多次扫描数据集来计算项目集的支持度。随着数据集规模的增大,其计算量呈指数级增长,导致算法执行时间过长,消耗大量的计算资源。

11.3.2　FP – Growth 算法

FP – Growth(Frequent Pattern Growth)算法通过构建频繁模式树(FP Tree)来提高挖掘效率,避免了 Apriori 算法中频繁候选项目集生成的问题。该算法首先扫描数据集一次,构建 FP Tree,将频繁项集压缩存储在树结构中;然后从 FP Tree 中挖掘频繁项集,通过递归地查找频繁模式来生成关联规则。

优点:

(1)该算法适用于大型数据集,能够高效地处理大规模数据,在处理速度上与 Apriori 算法相比有显著提升。

(2)该算法对于稠密数据集表现较好,能够有效地挖掘出频繁项集和关联规则,减少了计算资源的消耗。

缺点：

（1）该算法实现较为复杂，需要构建和维护 FP Tree 数据结构，涉及较为复杂的指针操作和递归算法，对编程能力要求较高。

（2）该算法内存占用较大，因为需要在内存中存储 FP Tree，对于内存资源有限的环境可能会出现内存不足的问题。

11.3.3　Eclat 算法

Eclat（Equivalence Class Clustering and Bottom-up Lattice Traversal）算法通过递归地垂直分割数据集，直接计算频繁项集。该算法利用了事务数据集的垂直表示形式，将每个项目的事务列表（TID 列表）作为输入，通过计算 TID 列表的交集来确定频繁项集。

优点：

（1）该算法适用于稀疏数据集，在数据稀疏的情况下，能够快速地计算频繁项集，提高挖掘效率。

（2）该算法执行效率较高，尤其在处理具有大量不同项目但每个事务包含项目较少的数据集时表现出色。

缺点：在处理稠密数据集时，该算法效率可能较低，因为计算 TID 列表交集的开销较大，随着数据集密度的增加，其性能可能会受到影响。

在实际应用中，我们需要根据数据集的特点（如数据规模、数据密度等）和具体需求选择合适的关联分析算法，以达到最佳的挖掘效果和效率。

11.4　关联分析步骤总结

在关联分析过程中，我们将关键步骤总结如下：

11.4.1　创建项目集

我们从交易数据中提取所有可能的项目组合，形成项目集。这包括单项项目集和多项项目集，涵盖了数据集中出现的所有商品或项目的不同组合形式。

11.4.2　确定频繁项集

我们计算每个项目集的支持度，即项目集在所有交易中出现的频率；通过设定最小支持度阈值，筛选出支持度大于或等于该阈值的项目集。这些项目集被视为频繁项集，因为它们在数据集中出现的次数足够多，更有可能蕴含有价值的关联规则。

11.4.3　生成并修剪关联规则

（1）我们从频繁项集中生成候选关联规则。每个频繁项集可以生成多个关联规则，具体数量取决于项目集的元素个数。

（2）我们计算每个规则的置信度，以衡量规则的可靠性。

（3）我们利用最小置信度阈值修剪掉低置信度规则，只保留高置信度规则。这些高置信度规则更有可能反映数据中的真实关联性，能够为实际应用提供更有价值的见解，如优化销售策略、推荐系统、库存管理等。

11.4.4　代码示例

Python 中的 mlxtend 库提供了方便的方法来进行关联规则学习。以下是一个简单的例子，结合我们上文中分析过的购物篮案例，使用 Python 和 mlxtend 库进行关联分析：

```python
import pandas as pd
from mlxtend. frequent_patterns import apriori, association_rules


#创建交易记录的数据
data = {
    'Transaction': [1, 2, 3, 4, 5],
    'Items': [
        'diaper, bread, milk',
        'bread, diaper, beer, eggs',
        'milk, diaper, beer, butter',
        'bread, milk, diaper, beer',
        'bread, milk, diaper, butter'
    ]
}


#将数据转换为 DataFrame
df = pd. DataFrame (data)


#处理 Items 列，进行 one-hot 编码
#先将 Items 列分割成单个商品
basket = df ['Items']. str. get_dummies (sep=', ')


#进行频繁项集挖掘
frequent_itemsets = apriori (basket, min_support=0. 6,
    use_colnames=True)
```

```
#生成关联规则
rules = association_rules (frequent_itemsets,metric =" confidence",
    min_threshold =0.8)

#显示结果
print (" Frequent Itemsets:")
print (frequent_itemsets)
print (" \nAssociation Rules:")
print (rules)
```

上面的代码执行了以下几个操作:

（1）数据准备:创建一个简单的交易数据集,包含交易编号和购买的商品。

（2）数据转换:使用 groupby 和 unstack 方法将数据转换为适合关联分析的格式,通过 one-hot 编码将每个商品表示为二进制值（1 表示购买,0 表示未购买）。

（3）频繁项集挖掘:使用 apriori 函数挖掘频繁项集,设定最小支持度 （min_support）,这里设为 0.6。

（4）生成关联规则:使用 association_rules 函数生成关联规则,设定评估指标 （如提升度 lift）的最小阈值1。

（5）结果展示:打印频繁项集和生成的关联规则。

示例输出结果如图 11 – 1、图 11 – 2 所示。

	support	itemsets
0	0.6	(beer)
1	0.8	(bread)
2	1.0	(diaper)
3	0.8	(milk)
4	0.6	(beer, diaper)
5	0.8	(bread, diaper)
6	0.6	(bread, milk)
7	0.8	(milk, diaper)
8	0.6	(bread, milk, diaper)

图 11 –1　输出结果 1

	antecedents	consequents	antecedent support	consequent support	support	confidence	lift
0	(beer)	(diaper)	0.6	1.0	0.6	1.0	1.0
1	(bread)	(diaper)	0.8	1.0	0.8	1.0	1.0
2	(diaper)	(bread)	1.0	0.8	0.8	0.8	1.0
3	(milk)	(diaper)	0.8	1.0	0.8	1.0	1.0
4	(diaper)	(milk)	1.0	0.8	0.8	0.8	1.0
5	(bread, milk)	(diaper)	0.6	1.0	0.6	1.0	1.0

图 11 –2　输出结果 2

运行上述代码后,输出将显示频繁项集和关联规则。我们会在输出结果看到每个商品组合的支持度、置信度和提升度等信息,从而帮助我们了解商品之间的关联关系。

11.5 关联分析的发展趋势

11.5.1 实时关联分析

随着大数据处理技术的不断进步，实时关联分析逐渐成为可能。在当今数字化时代，企业能够实时获取大量的用户行为数据，如电商平台上的实时交易数据、社交媒体上的实时互动数据等。通过实时关联分析技术，企业可以即时分析这些数据，快速发现用户购买行为、兴趣偏好等方面的变化和关联关系。例如，电商企业可以在用户浏览商品的过程中，实时根据其当前浏览和历史购买记录，利用关联分析推荐相关商品，提高用户购买转化率。实时关联分析能够帮助企业及时调整营销策略，根据用户实时需求提供个性化服务，从而显著提高销售效率和顾客满意度。

11.5.2 深度学习在关联分析中的应用

深度学习算法在处理复杂数据关系方面展现出了强大的能力。深度学习模型能够自动学习数据中的深层次特征和模式，在挖掘隐藏在大规模数据中的复杂关联模式方面具有巨大潜力。未来，深度学习有望更广泛地应用于关联分析领域。例如，在图像识别与关联分析相结合的场景中，深度学习模型可以分析图像中的物体、场景等信息，并与其他相关数据（如用户行为、产品属性等）进行关联分析，发现新的关联模式。在医疗影像数据的关联分析中，深度学习可用于挖掘影像特征与疾病诊断、治疗效果之间的复杂关系，为精准医疗提供支持。深度学习与关联分析的融合将推动数据分析技术向更智能化、精准化的方向发展，帮助企业和研究人员从海量数据中发现更有价值的信息，解决更复杂的实际问题。

11.5.3 隐私保护关联分析

随着隐私保护意识的增强，如何在保护用户隐私的同时进行关联分析成为一个重要的研究课题。在大数据时代，数据的收集和分析涉及大量用户敏感信息，如个人消费记录、健康数据等。未来的关联分析算法将更加注重隐私保护，采用差分隐私、同态加密等先进技术，确保在不泄露用户隐私的前提下进行有效的关联分析。例如，在对多个数据源进行关联分析时，我们通过加密技术对数据进行处理，使得在分析过程中无法获取单个用户的具体信息，但仍能发现数据中的整体关联模式。这样既能满足企业和研究机构对数据分析的需求，又能保护用户的隐私权益，促进数据的合法、合规使用。

11.5.4 与物联网技术的结合

物联网技术的发展使得我们可以收集到更多关于用户行为和环境的实时数据。将物联网数据与关联分析相结合，可以为企业提供更精准的市场洞察和营销策略。例如，智能家居设备收集的用户日常行为数据（如设备使用时间、使用频率等），结合关联分析，可以了解用户的生活习惯和消费偏好，企业据此可以提供个性化的产品和服务推荐。在工业物联网中，关联分析可以应用于设备故障预测和维护优化，通过分析设备运行数据之间的关联关系，提前发现潜在故障隐患，合理安排设备维护计划，提高工业生产的效率和可靠性。物联网与关联分析的深度融合将开创更多新的应用场景和商业模式，为社会经济发展带来新的机遇。

本章小结

关联分析作为数据挖掘的重要技术，在多领域被广泛应用且发展前景广阔。它通过特定步骤挖掘数据中项目之间的关联规则，从创建项目集到确定频繁项集，再到生成并修剪关联规则，各环节紧密相连。关联分析的特点鲜明，无监督学习特性使其能自主发现，规则有效性因场景而异，应用需结合业务决策，且生成规则需深入分析理解。Apriori 算法、FP – Growth 算法和 Eclat 算法等各有优劣，适用于不同数据集。未来，实时关联分析将助力企业即时决策，深度学习融合可挖掘复杂模式，隐私保护技术确保合法合规，与物联网结合开创更多可能。总之，关联分析对理解数据、优化决策意义重大，随着技术发展将在各行业发挥更大价值。

12　文本分析

在当今数字化信息爆炸的时代，文本数据呈海量增长之势，广泛存在于互联网、社交媒体、新闻报道、学术文献、企业文档等各个角落。这些文本数据蕴含着丰富的知识、观点、情感和趋势，但由于其非结构化的特性，从中提取有价值的信息面临着巨大挑战。

文本分析（Textual Analysis）作为数据科学的一个重要分支，应运而生并蓬勃发展。它犹如一把神奇的钥匙，旨在开启文本数据的宝藏，将晦涩难懂的文字转化为可量化、可分析的形式，进而挖掘其中隐藏的模式、关系和洞察力。

本章聚焦文本分析，涵盖诸多关键内容。"文本数据概述"阐述其概念、结构与分析挑战。"文本数据分析的应用场景"展示在社交媒体分析、舆情监测、金融市场分析、垃圾邮件过滤等多领域的重要作用。"文本数据分析的路径"包含文本预处理、文本表示方法、特征提取与选择、建模与分析以及 Python 代码示例。"文本分析的主要模型和技术"介绍文本分类、情感分析及主题模型，并附情感分析代码。"文本分析的案例研究"通过电商、新闻、社交媒体案例呈现实际应用。

12.1　文本数据概述

12.1.1　文本的概念

文本，从书面语言的表现形式角度看，是具有完整、连贯含义（Message）的一个句子或多个句子的组合。它可以是一个简洁的句子（Sentence），传达单一的想法或陈述；也可以是一个段落（Paragraph），围绕一个主题展开论述；甚至可以是一个篇章（Discourse），涵盖丰富的内容和复杂的结构。例如，"今天天气真好"，这是一个简单的句子文本；一篇新闻报道、一部小说则属于篇章级别的文本。文本数据在日常生活和各个领域中无处不在，是人类表达思想、传递信息的重要载体。

12.1.2　文本数据的结构

文本数据是一种重要的非结构化数据形式，其内部结构呈现出明显的层次性特征。以中文为例，最基本的语言单位是单字，单字可以组合成词语；词语又依据语法规则和语义逻辑构建成句子；多个句子相互关联、组织起来，最终形成段落；段落之间的联系和组织则共同构成了一篇完整的文章。

在英文中，文本结构则类似于中文，由单词（Word）组成句子，句子进一步形成段落，段落组合起来最终构成整体文本（Text）。这种层次化的结构不仅展示了语言的组织方式，还为文本分析提供了多层次的视角。

这种层次结构为文本分析提供了丰富的切入点。从微观层面来看，我们可以对单字或单词进行细致分析，研究其频率、用法和情感倾向等；从宏观层面来看，分析段落及其在整个文本中的作用，可以揭示文章的主题、逻辑结构和信息流动。这种由下至上的分析方法，使我们能够深入挖掘文本中的信息和规律，识别出潜在的模式和趋势。

此外，层次结构的存在也为文本处理技术奠定了基础。例如，在自然语言处理领域，词向量（也称为词嵌入，Word Embeddings）可以捕捉单词之间的语义关系，而句子嵌入（Sentence Embeddings）则可以反映句子整体的语义信息。这种结构化的分析方法不仅提高了信息提取的效率，还为后续的机器学习和深度学习模型奠定了基础，使得对文本数据的理解更加全面和深入。

12.1.3 文本数据分析的挑战

文本数据的非结构化特性为其分析带来了诸多挑战。首先，文本的语义理解极其复杂。同一个词语在不同的语境中可能具有不同的含义，例如"苹果"既可以指代水果，也可以代表全球知名的科技公司——苹果公司。这样的多义性不仅给文本分类和情感分析带来了困难，还可能导致误解和错误的分析结果。因此，如何在不同语境中准确地捕捉和理解词义成为文本分析的一大难题。

其次，文本数据的体量往往是巨大的，尤其是在社交媒体、电子邮件、新闻报道和其他数字内容快速增长的时代。这种海量数据的处理和存储成本高昂，要求使用高效的算法和强大的计算能力。此外，数据的实时性和动态性也使得文本分析变得更加复杂，分析工具和系统需要具备快速响应和更新的能力，以应对不断变化的信息。

再次，文本数据中往往存在大量的噪声信息，包括拼写错误、语法不规范、冗余信息、口语化表达等。这些噪声不仅会干扰分析结果，还可能会掩盖有价值的信息。例如，用户在社交媒体上可能使用非标准的语言或俚语，这对传统的自然语言处理技术提出了挑战。因此，在进行文本分析之前，我们必须进行有效的数据预处理，以清理和规范这些噪声信息，从而提高分析的准确性。

最后，文本数据的多样性也增加了分析的复杂性。不同的文本来源（如新闻、评论、广告、社交媒体等）可能使用不同的表达方式和风格，这要求分析方法具备足够的灵活性和适应性，能够处理各种类型的文本。此外，文化和语言的差异也可能影响文本的理解和分析，尤其在多语言环境中，跨语言的文本分析更是一个亟须解决的问题。

因此，面对这些挑战，研究者和从业者需要借助专门的技术与方法来对文本数据进行有效的处理及分析。这包括利用自然语言处理技术、机器学习算法、深度学习模型等，以提高文本理解和分析的精确度。

12.2 文本数据分析的应用场景

12.2.1 社交媒体分析

在社交媒体时代，大量用户在平台上分享观点、感受和经历，产生了海量的文本数据。通过对社交媒体文本数据的分析，企业可以深入了解用户的喜好、兴趣爱好、消费偏好等，从而精准定位目标客户群体，制定个性化的市场营销策略。例如，一家化妆品公司可以分析社交媒体上用户对不同化妆品品牌、产品功效、包装设计等方面的评价，了解用户需求和市场趋势，优化产品研发和推广方案；同时，还可以监测用户对企业品牌的情感态度，及时发现并处理负面评价，提升用户服务质量和品牌形象。此外，社交媒体文本分析还能帮助企业追踪社会热点话题和流行趋势，为产品创新和营销策略调整提供灵感。

12.2.2 舆情监测

舆情监测对于企业、政府和社会组织至关重要。通过分析新闻报道、论坛帖子、微博言论等各类文本数据，它们可以实时追踪公众对于特定事件、政策法规、产品或组织的态度和情感倾向。企业及时掌握舆情动态有助于其应对危机事件，如当产品质量问题引发负面舆情时，企业可以迅速采取措施进行公关处理，减少损失。政府部门可以利用舆情监测了解民众对政策的反馈，优化政策制定和执行过程。例如，在一项新的交通政策出台后，政府通过分析社交媒体和新闻评论中的文本反馈，评估政策的合理性和公众接受度，以便及时调整和完善政策。此外，舆情监测还能帮助组织发现潜在的风险和机会，提前制定应对策略，维护社会稳定和组织声誉。

12.2.3 金融市场分析

金融市场与众多因素相互关联，其中新闻报道、分析师报告等文本数据蕴含着丰富的市场信息。文本分析技术可以挖掘这些文本中的关键信息，预测股市走势、评估公司绩效等，为投资者和金融机构提供决策支持。例如，文本分析技术通过分析财经新闻中关于宏观经济数据、行业动态、公司重大事件等内容的情感倾向和关键词，结合历史数据建立预测模型，预测股票价格的变化趋势；同时，对公司年报、季报等文本进行分析，评估公司的经营状况、财务健康程度和发展前景，帮助投资者做出合理的投资决策。此外，文本分析还可用于金融风险预警，及时发现潜在的市场风险因素，如信用风险、市场波动风险等，为金融机构制定风险管理策略提供依据。

12.2.4 垃圾邮件过滤

随着电子邮件的广泛使用，垃圾邮件问题日益严重，影响用户的正常通信和工作效率。通过对电子邮件文本内容的分析，文本分析技术可以自动识别和过滤垃圾邮件。垃圾邮件通常具有一些特定的文本特征，如大量广告词汇、虚假链接、可疑的发件人信息等。文本分类技术可将邮件分为正常邮件和垃圾邮件两类。例如，基于机器学习的垃圾邮件分类模型通过对大量标记为垃圾邮件和正常邮件的样本进行训练，学习垃圾邮件的文本模式，从而对新收到的邮件进行准确分类。有效的垃圾邮件过滤不仅提高了电子邮件系统的处理效率，还增强了用户信息安全和隐私保护。

12.3　文本数据分析的路径

文本分析是一个复杂的过程，旨在对文本数据进行表示（Representation）、处理（Processing）和建模（Modeling），以获取有价值的见解（Insight）。

12.3.1　文本预处理

文本预处理是自然语言处理中的关键步骤，旨在为后续分析提供干净、结构化的数据。以下是几种主要的预处理方法：

1. 分词（Tokenization）

分词是自然语言处理的基础任务，对于中文和英文文本，处理方式有所不同。中文句子之间没有天然的空格分隔，因此需要按照组词的方式进行分割，确定合适的分词粒度至关重要。字的粒度太小，难以表达完整含义，如"鼠"字单独存在时含义模糊，可能是"老鼠"，也可能是"鼠标"，而句子的粒度太大，承载信息过多，不利于后续分析和复用。词作为表达完整含义的最小单位，是一种较为合适的分词粒度。英文则主要是将句子按照空格分割成单词，但英文单词存在多种形态，如名词的单复数、动词的时态变化等，在后续处理中还需要进行词干提取（Stemming）和词形还原（Lemmatization）等操作，以将单词还原为其基本形式，便于分析。

2. 去除停用词（Stopword Removal）

文本中存在一些常用但对语义分析贡献较小的词汇，如"的""是""在"等，被称为停用词。去除停用词可以减少数据维度，提高分析效率，同时突出文本的关键信息。

3. 词干提取与词形还原（主要针对英文）

词干提取是指将单词简化为其基本词干形式，例如"running""runs""ran"都可以简化为"run"。词形还原是指在考虑单词词性的基础上，将单词还原为其字典形式，如"better"还原为"good"。这些操作有助于统一单词形式，减少词汇量，提高文本处理的效率和准确性。

除了分词、去除停用词、词干提取与词形还原之外，还有许多其他重要的预处理方法。以下是一些其他常见的文本预处理方法：

1. 大小写转换（Case Conversion）

大小写转换是指将所有文本转换为小写或大写，以消除因大小写不同而导致的词汇不一致性。例如，将 "Apple" 和 "apple" 都转换为 "apple"。

2．去除标点符号（Punctuation Removal）

去除标点符号是指删除文本中的标点符号（如逗号、句号、问号等），因为它们通常对文本分析没有实际意义，还可能会干扰分词和其他处理步骤。

3．去除数字（Numbers Removal）

去除数字是指根据具体需求，去除文本中的数字，尤其是在处理不需要数字信息的文本时，避免数字干扰分析。

4．拼写校正（Spelling Correction）

拼写校正是指对文本中的拼写错误进行校正，可以使用词典或基于模型的方法来识别和修正拼写错误，提高文本的准确性。

5．词性标注（Part-of-Speech Tagging）

词性标注是指为文本中的每个词汇分配词性标签（如名词、动词、形容词等），这有助于理解词汇在句子中的作用，并为后续分析提供更多上下文信息。

6．命名实体识别（Named Entity Recognition，NER）

命名实体识别是指识别文本中提到的特定实体（如人名、地名、组织名等），这对于信息提取和知识图谱构建非常重要。

7．文本规范化（Text Normalization）

文本规范化是指将不同形式的词汇或表达统一为标准形式，例如将 "goin'" 规范化为 "going"，以提高一致性。

8．短语提取（Phrase Extraction）

短语提取是指识别文本中的重要短语或词组，而不仅仅是单个词，这有助于捕捉更复杂的概念和信息。

9．语义消歧（Word Sense Disambiguation）

语义消歧是指针对多义词，确定其在特定上下文中的确切含义，以提高语义理解的准确性。

通过上述文本预处理方法，我们可以将原始文本数据转化为更为规范和有用的形式，为后续的文本分析和模型构建奠定良好的基础。

12.3.2 文本表示方法

1．词袋模型（Bag-of-words Model）

词袋模型是一种简单有效的文本表示方法，它将文本视为一个由单词组成的袋子，不考虑单词的顺序和语法结构。在该模型下，每个单词都是独立的，文本可以用一个向量表示，向量的维度等于词汇表的大小，向量中的每个元素表示对应单词在文本中出现的次数或频率。例如，对于一个包含三个句子的语料库："I love this book." "This book is great." "I like reading."，其词汇表为 ["I","love","this","book","is","great","like","reading"]。对于第一个句子"I love this book."，我们需要将其映射到词汇表的计数向量，然后计数词汇表中的每个单词在句子中出现的次数，例如，"I"出现了 1 次，"love"出现了 1 次，"this"出现了 1 次，"book"也出现了 1 次。因此，第一个句子的词袋向量为：[1，1，1，1，0，0，0，0]。词袋模型易于理解和实现，但存在一些缺点，如忽略了词序和上下文信息，可能导致语义理解的偏差；同时，由于词汇表通常较大，向量表示稀疏，增加计算复杂度。

2. TF - IDF（Term Frequency-Inverse Document Frequency）

TF - IDF 是一种基于词袋模型的改进方法，它不仅考虑了单词在文本中的出现频率（词频，TF），还考虑了单词在整个语料库中的重要性（逆文档频率，IDF）。TF 表示一个单词在某一文本中出现的频率与该文本中所有单词出现频率之和的比值，IDF 则是语料库中文档总数与包含该单词的文档数比值的对数。TF - IDF 通过将词频与逆文档频率相乘，为每个单词赋予一个权重，从而突出在特定文本中重要且在整个语料库中相对不常见的单词。例如，在一个包含多篇新闻文章的语料库中，"经济"这个词在一篇关于经济形势的文章中出现频率较高，但在其他文章中出现较少，那么通过 TF - IDF 计算，"经济"在这篇文章中的权重就会较高，更能体现该文章的主题特征。TF - IDF 在信息检索、文本分类等任务中广泛应用，能够有效提高文本表示的准确性和区分度。

3. **词向量模型**（Word Embedding Models）

词向量模型是一种分布式表示方法，它将单词映射到低维向量空间，使得语义相似的单词在向量空间中距离相近，如 Word2Vec、GloVe 等。Word2Vec 通过两种训练方式（CBOW 和 Skip-gram）学习单词的向量表示，例如，"国王"和"王后"这两个语义相关的单词，在词向量空间中的距离会比与其他不相关单词的距离更近。GloVe 则是基于全局词频统计的词向量模型，通过构建单词共现矩阵并进行分解来学习词向量。词向量模型能够捕捉单词之间的语义关系，为文本分析提供更丰富的语义信息，在自然语言处理的许多任务，如文本分类、情感分析、机器翻译等中，都取得了良好效果。

12.3.3　特征提取与选择

在将文本转化为合适的数字表示后，我们通常需要进行特征提取与选择，以降低数据维度，去除冗余信息，提高模型的效率和性能。常用的特征提取方法包括主成分分析、线性判别分析（LDA）等。主成分分析通过对数据协方差矩阵进行特征值分解，将高维数据投影到低维空间，同时尽可能保留数据的方差信息；线性判别分析则是一种有监督的特征提取方法，它在降低维度的同时，最大化类间离散度和最小化类内离散度，使得提取的特征更有利于分类任务。特征选择方法如卡方检验、信息增益等，通过评估每个特征与目标变量之间的相关性或信息量，选择最相关的特征子集。例如，在文本分类任务中，特征选择可以筛选出对分类贡献最大的单词或特征组合，减少模型训练的时间和空间复杂度，提高分类准确性。

12.3.4　建模与分析

根据具体的任务需求，我们可以选择合适的机器学习或深度学习模型进行建模和分析。在文本分类任务中，我们可以使用朴素贝叶斯、支持向量机、决策树、神经网络等模型。例如，朴素贝叶斯基于贝叶斯定理和特征条件独立假设，在文本分类中具有计算效率高、对大规模数据处理能力强的优点；支持向量机通过寻找一个最优分类超平面，将不同类别的文本分隔开来，在处理高维数据和小样本问题时表现出色。对于情感分析任务，循环神经网络（Recurrent Neural Network，RNN）及其变体长短时记忆网络（Long - Short Term Memory，LSTM）和门控循环单元（Gated Recurrent Unit，GRU）等深度学习模型能够有效处理文本序列中的上下文信息，更准确地判断文本的情感极性。在文本生成任务中，生成对抗网络（Generative Adversarial Network，GAN）和变分自编码器（Variational Autoencoder，VAE）等模型可以生成与训练数据相似的文本内容。建模完成后，评估指标（如准确率、召回率、F1 - Measure、均方误差等）对模型性能进行评估和优化，不断调整模型参数和结构，以提高模型的泛化能力和分析效果。

12.3.5 Python 代码示例：文本预处理与词袋模型构建

以下是使用 Python 中的 sklearn 库进行文本预处理（分词、去除停用词）和构建词袋模型的示例代码：

```python
import pandas as pd
from sklearn. feature_extraction. text import CountVectorizer
from sklearn. feature_extraction. stop_words import
    ENGLISH_STOP_WORDS

#假设我们有以下文本数据
text_data = [" This is a sample sentence.", " Another sample sentence
    here.", " The third sentence is for testing."]

#初始化 CountVectorizer，设置停用词为英语默认停用词
vectorizer = CountVectorizer (stop_words =ENGLISH_STOP_WORDS)

#拟合数据并转换为词袋模型表示
bag_of_words = vectorizer. fit_transform (text_data)

#获取词汇表
vocabulary = vectorizer. get_feature_names ()
```

```
#将词袋模型表示转换为 DataFrame 以便查看
df_bow = pd. DataFrame (bag_of_words. toarray (),
    columns = vocabulary)


print (df_bow)
```

在上述代码中，我们首先导入必要的库，然后定义了一个简单的文本数据集 text_data。使用 CountVectorizer 类进行词袋模型的构建，通过设置 stop_words = ENGLISH_STOP_WORDS 来去除英语中的默认停用词；接着，使用 fit_transform 方法对文本数据进行拟合和转换，得到词袋模型表示 bag_of_words，并获取词汇表 vocabulary；最后，将词袋模型表示转换为 DataFrame 格式，方便查看和分析。

12.4 文本分析的主要模型和技术

12.4.1 文本分类

文本分类是文本分析中的一项重要任务，旨在根据文本的内容将其划分到预先定义的类别中，如将新闻文章分为政治、经济、体育、娱乐等类别；将电子邮件分为正常邮件和垃圾邮件；将用户评论分为正面、负面和中性类别。

我们需要基于语料库，提取文本的特征，常用的特征包括单词、短语、词性、句法结构等。其中，单词特征是最基本的，通过词袋模型或 TF – IDF 等方法将文本转化为向量表示，每个维度对应一个单词或特征项，向量的值表示该单词在文本中的权重或出现频率。在提取特征后，我们可以使用各种机器学习算法进行分类。例如，朴素贝叶斯分类器基于贝叶斯定理和特征条件独立假设，在文本分类中表现出较高的效率，尤其适用于大规模数据的分类任务。支持向量机则通过寻找一个最优分类超平面，将不同类别的文本分隔开来，在处理高维数据和小样本问题时具有较好的性能。决策树分类器可以根据文本的特征构建树形结构，通过对树的遍历进行分类决策，易于理解和解释分类结果。深度学习模型如卷积神经网络（CNN）和循环神经网络及其变体（如 LSTM 和 GRU）在文本分类中也取得了显著的成效，它们能够自动学习文本的深层次特征表示，提高分类的准确性。

12.4.2 情感分析

情感分析主要用于确定作者在文本中表达的态度或情感倾向，即判断文本是积极的、消极的还是中立的，这在社交媒体监测、产品评论分析、市场调研等领域具有重要应用价值。

情感分析的方法主要包括基于词典的方法和基于机器学习的方法。基于词典的方法通过构建情感词典，将文本中的单词与词典中的情感词汇进行匹配，根据匹配结果计算文本的情感得分。例如，在一个包含积极情感词汇（如"好""喜欢""优秀"等）和消极情感词汇（如"坏""讨厌""糟糕"等）的词典中，我们统计文本中出现的情感词汇数量并分析极性，从而判断文本的情感倾向。基于机器学习的方法则将情感分析视为一个分类问题，首先构建一个标注了情感标签（积极、消极、中性）的语料库，然后提取文本特征，再使用分类算法（如朴素贝叶斯、SVM 等）进行训练和分类。例如，对于用户在电商平台上的产品评论，商家通过机器学习模型判断评论是对产品的赞扬（积极）、批评（消极）还是客观描述（中性），以了解消费者对产品的满意度和意见，从而改进产品和服务。

12.4.3　主题模型

主题模型是一种用于发现文本集中潜在主题结构的技术。它假设文本是由多个主题混合而成的，每个主题由一组相关的单词表示，而每个文本在不同主题上具有一定的概率分布。常见的主题模型有潜在狄利克雷分配（Latent Dirichlet Allocation，LDA）等。

LDA 模型的基本思想是，给定一个包含多个文档的语料库，每个文档由多个单词组成，模型试图找到每个文档中主题的分布以及每个主题中单词的分布。例如，一个新闻文章语料库可能存在"政治""经济""体育""娱乐"等潜在主题。通过 LDA 模型分析，一篇关于政府政策调整的新闻文章可能在"政治"主题上具有较高的概率，同时该主题下可能包含"政策""改革""领导人"等相关单词。

主题模型在文本分析中有广泛的应用。在信息检索领域，主题模型可以帮助用户更好地理解搜索结果的主题分布，提高检索的准确性和相关性。在内容推荐系统中，主题模型可以根据用户感兴趣的主题推荐相关的文章、产品或服务。例如，对于一个关注科技新闻的用户，它推荐与"人工智能""大数据"等主题相关的文章。在文本挖掘和知识发现方面，主题模型可以揭示文本集中隐藏的主题结构和知识脉络，为进一步的研究和分析提供基础。

12.4.4　Python 代码示例：情感分析

以下是使用 textblob 库进行情感分析的示例代码：

```
from textblob import TextBlob


#假设我们有以下文本
text = " I really like this product. It's great!"
```

```
#创建 TextBlob 对象
text_blob = TextBlob (text)

#获取情感极性和主观性
polarity = text_blob. polarity
subjectivity = text_blob. subjectivity

print (f" Polarity:{polarity}, Subjectivity:{subjectivity}")
```

在上述代码中，我们首先导入 TextBlob 类，然后定义一个包含积极情感的文本 text。通过创建 TextBlob 对象，我们使用其内置的方法获取文本的情感极性（Polarity）和主观性（Subjectivity）。情感极性的值在 [−1，1] 范围内，1 表示完全积极，−1 表示完全消极，接近 0 表示中性。主观性的值在 [0，1] 范围内，表示文本表达个人观点或情感的程度，1 表示完全主观，0 表示完全客观。

12.5 文本分析的案例研究

12.5.1 案例一：电商产品评论分析

1. 问题描述

某电商平台希望通过分析用户对产品的评论，了解用户对产品的满意度、意见和需求，从而改进产品和服务，改善用户体验和提高销售额。具体而言，该电商平台需要对产品评论进行情感分析，判断评论是积极、消极还是中性的；同时，提取评论中的关键主题和特征，了解用户关注的产品方面。

2. 数据收集与预处理

该电商平台收集了某款电子产品在过去一个月内的用户评论数据，包括评论内容、评论时间、用户 ID 等信息，且对评论数据进行预处理，包括去除噪声信息（如广告、无关链接等）、转换文本格式（如统一编码）、进行分词操作，将文本分割为单词或短语，并去除停用词。

3. 分析方法与模型选择

该电商平台采用基于机器学习的情感分析方法，选择朴素贝叶斯分类器作为情感分析模型；对于主题提取，使用 LDA 主题模型。首先，该电商平台使用标注了情感标签（积极、消极、中性）的部分评论数据对朴素贝叶斯模型进行训练，使模型学习不同情感文本的特征模式。然后，该电商平台将训练好的模型应用于未标注的评论数据，预测每条评论的情感极性。对于 LDA 主题模型，该电商平台根据经验和对数据的初步探索，设定主题数量为 5（如产品性能、外观设计、价格、功能使用、售后服务等可能的主题），对评论数据进行主题建模，得到每个主题下的关键词分布和每个评论在不同主题上的概率分布。

4．结果分析与应用

通过情感分析，该电商平台发现约 60% 的评论为积极，30% 为中性，10% 为消极。对于消极评论，该电商平台进一步分析其具体内容，发现其主要集中在产品的某些功能使用不便和售后服务响应不及时等方面。通过 LDA 主题模型，该电商平台得到了如"产品性能"主题下的关键词"运行速度""续航能力"等；"外观设计"主题下的关键词"颜色""尺寸""材质"等。根据这些分析结果，电商平台可以针对用户关注的问题进行产品改进，优化功能设计，加强售后服务培训；同时，根据用户对外观设计的喜好，调整产品颜色、尺寸等方面的选择，以提高产品的市场竞争力。

12.5.2　案例二：新闻文章分类与趋势分析

1．问题描述

某家新闻媒体公司想要对大量新闻文章进行分类，以便更好地组织和推荐新闻内容，同时分析不同主题新闻的发展趋势，为新闻采编和选题策划提供依据。

2．数据收集与预处理

该新闻媒体公司收集了来自多个新闻来源的文章数据，包括新闻标题、正文、发布时间、来源等信息，且对文本数据进行预处理，包括清洗文本（去除 HTML 标签、特殊字符等）、分词、去除停用词，并将文本转化为词向量表示（如使用 TF – IDF 方法）。

3．分析方法与模型选择

该新闻媒体公司采用支持向量机作为新闻文章分类模型，根据新闻的主题领域（如政治、经济、科技、文化、娱乐等）预先定义了分类类别；对于趋势分析，通过统计不同时间段内各类新闻文章的数量变化来观察趋势。首先，该新闻媒体公司使用一部分已分类的新闻文章对支持向量机模型进行训练，调整模型参数以提高分类准确性。然后，该新闻媒体公司将训练好的模型应用于未分类的新闻文章，进行分类预测。

4．结果分析与应用

支持向量机模型在测试集上的分类准确率达到了 85% 以上，能够有效地将新闻文章分类到不同主题类别中。通过对不同时间段新闻文章数量的统计分析，该新闻媒体公司发现科技类新闻在近期呈现快速增长的趋势，而娱乐类新闻的数量相对稳定。根据这些结果，该新闻媒体公司可以加大对科技领域的新闻采编力度，增加相关专题报道和深度分析；同时，根据不同主题新闻的受众关注度和趋势变化，合理调整新闻推荐策略，提高读者的满意度和阅读量。

12.5.3 案例三：社交媒体舆情监测

1. 问题描述

某企业希望实时监测社交媒体上关于其品牌和产品的舆情，及时发现负面舆情并采取应对措施，同时了解公众对其品牌的整体看法和关注热点，以制定营销策略和品牌推广方案。

2. 数据收集与预处理

该企业通过社交媒体平台提供的 API 接口，收集与企业品牌和产品相关的微博、微信公众号文章、论坛帖子等文本数据，且对收集到的数据进行实时预处理，包括文本清洗（去除表情符号、无关标签等）、分词、去除停用词，并进行词干提取或词形还原操作，以统一单词形式。

3. 分析方法与模型选择

该企业采用基于深度学习的情感分析模型（如 LSTM 网络），对文本数据进行情感分类，判断舆情的情感倾向（积极、消极、中性）；同时，使用关键词提取算法（如 TextRank 算法）提取文本中的关键话题和热点词汇，以了解公众关注的焦点。LSTM 网络通过对大量标注了情感标签的社交媒体文本数据进行训练，学习文本中的语义和情感信息，能够更准确地处理长序列文本数据，提高情感分析的准确性。

4. 结果分析与应用

通过实时监测，该企业能够及时发现负面舆情，如产品质量问题引发的用户投诉等，并迅速启动危机公关预案，回应用户关切，解决问题。通过关键词提取和趋势分析，该企业发现公众对企业产品的新功能和创新性方面关注度较高，可以根据这些信息，加强产品研发和创新，同时在营销策略中突出产品的优势和亮点，提高品牌知名度和美誉度。

这些案例展示了文本分析在不同领域的实际应用，通过合适的分析方法和模型，我们可以从文本数据中挖掘有价值的信息，为决策提供有力支持。在实际应用中，我们还可以根据具体问题和数据特点，选择和组合不同的文本分析技术，以实现更好的分析效果。

本章小结

文本分析作为数据科学领域的重要组成部分，在当今数字化时代发挥着不可或缺的作用。通过对文本数据的深入剖析，我们能够挖掘其中蕴含的丰富信息，为众多领域的决策提供有力支持。

文本数据具有独特的结构和复杂性，其非结构化特性既带来了挑战，也蕴含着巨大的价值。从社交媒体的用户心声到金融市场的新闻动态，从电商平台的产品评论到新闻媒体的文章内容，文本数据分析的应用场景广泛且多样。在社交媒体分析中，企业可洞悉用户喜好，把握市场趋势；舆情监测帮助组织及时应对公众态度变化，防范风险；金融市场分析为投资决策提供依据，助力把握市场脉搏；垃圾邮件过滤保障信息安全，提升通信效率。

　　文本分析的路径涵盖了从预处理到建模的多个环节。分词、去除停用词等预处理操作是基础，词袋模型、TF-IDF 和词向量模型等文本表示方法为数据的量化奠定了基础，特征提取与选择优化了数据维度，而各类机器学习和深度学习模型则实现了对文本的分类、情感分析和主题挖掘等任务。新增的主题模型（如 LDA）进一步提高了我们发现文本潜在结构的能力。

　　实际案例研究展示了文本分析在电商、新闻媒体和社交媒体舆情监测等领域的具体应用和显著价值。通过这些案例，我们看到了如何根据实际问题选择合适的分析方法和模型，以及如何将分析结果转化为实际的决策和行动。无论是提升产品竞争力、优化新闻推荐，还是维护品牌形象，文本分析都提供了有效的解决方案。

参考文献

［1］ 石川，王啸，胡琳梅. 数据科学导论［M］. 北京：清华大学出版社，2021.

［2］ 考希克. 谷歌数据分析方法［M］. 沈文婷，译. 北京：机械工业出版社，2020.

［3］ 结巴中文分词. 使用指南［EB/OL］.［2024 – 11 – 30］. https://github. com/fxsjy/
jieba.

［4］ 周苏. 大数据导论（微课版）［M］. 2 版. 北京：清华大学出版社，2022.

［5］ 唐亘. 精通数据科学：从线性回归到深度学习［M］. 北京：人民邮电出版社，2018.

［6］ 格鲁斯. 数据科学入门［M］. 岳冰，高蓉，韩波，译. 北京：人民邮电出版
社，2021.

［7］ 朝乐门. 数据科学理论与实践［M］. 2 版. 北京：清华大学出版社，2019.

［8］ 凯莱赫，蒂尔尼. 人人可懂的数据科学［M］. 张世武，黄元勋，译. 北京：机械工
业出版社，2019.

［9］ ALHLOU F, ASIF S, FETTMAN E. Google analytics breakthrough：from zero to business
impact［M］. Hoboken：Wiley, 2016..

［10］ CLIFTON C. Data mining［EB/OL］.［2024 – 11 – 30］. https://www. britannica. com/
technology/data-mining.

［11］ HASTIE T, TIBSHIRANI R, FRIEDMAN J. The elements of statistical learning：data
mining, inference, and prediction［M］. Berlin：Springer, 2008.

［12］ Matplotlib. Using Matplotlib［EB/OL］.［2024 – 11 – 30］. https://matplotlib. org/
stable/users/index. html.

［13］ MCKINNEY W. Python for data analysis data wrangling with pandas, NumPy, and
IPython［M］. 2nd ed. Sebastopd：O'Reilly Media, 2017.

［14］ MLXtend's documentation［EB/OL］.［2024 – 11 – 30］. https://rasbt. github. io/
mlxtend/.

［15］ NLTK Documentation［EB/OL］.［2024 – 11 – 30］. https://www. nltk. org/.

［16］ PATIL D J. Building data science teams［M］. Sebastopd：O'Reilly Media, 2011.

［17］ Pandas. Pandas documentation［EB/OL］.［2024 – 11 – 30］. https://pandas. pydata.
org/docs/.

［18］ PROVOST F, FAWCETT T. Data science for business［M］. Sebastopd：O'Reilly
Media, 2013.

[19] ROGELl-SALAZAR J . Advanced data science and analytics with Python [M]. New York：Chapman and Hall，CRC Press，2020.

[20] SHMUELI G，PATEL N R，BRUCE P C. Data mining for business analytics：concepts，techniques and applications in Python [M]. Hoboken：Wiley，2010.

[21] Scikit-learn. Machine learning in Python [EB/OL]. [2024 - 11 - 30]. https://scikit-learn. org/stable/index. html.

[22] Seaborn. User guide and tutorial [EB/OL]. [2024 - 11 - 30]. https://seaborn. pydata. org/tutorial. html.

[23] CHAKRABARTI S，ESTER M，FAYYAD U，et al. Data mining curriculum：a proposal (version1. 0) [R]. Intensive Working Group of ACM SIGKDD Curriculum Committee，2006.

[24] Statsmodels. Introduction [EB/OL]. [2024 - 11 - 30]. https://www. statsmodels. org/stable/index. html.

[25] TextBlob. Simplified text processing [EB/OL]. [2024 - 11 - 30]. https://textblob. readthedocs. io/en/dev/.

[26] WOOLDRIDGE J M. Econometric analysis of cross section and panel data [M]. 2nd ed. Cambridge：The MIT Press. 2010.

[27] DOMO. Data never sleeps 10. 0 [EB/OL]. [2024 - 11 - 30]. https://www. domo. com/data - never - sleeps.